Wolfgang Brune
**EAGLE-GUIDE
Klima von A bis Z**

EAGLE 061:

www.eagle-leipzig.de/061-brune.htm

Edition am Gutenbergplatz Leipzig

Gegründet am 21. Februar 2003 in Leipzig, im Haus des Buches am Gutenbergplatz.

Im Dienste der Wissenschaft.

Hauptrichtungen dieses Verlages für
Lehre, Forschung und Anwendung sind:
Mathematik, Informatik, Naturwissenschaften, Wirtschaftswissenschaften, Wissenschafts- und Kulturgeschichte.

EAGLE: www.eagle-leipzig.de

Bände der Sammlung „EAGLE-GUIDE" erscheinen seit 2004 im unabhängigen Wissenschaftsverlag „Edition am Gutenbergplatz Leipzig"
(Verlagsname abgekürzt: EAGLE bzw. EAG.LE).

Jeder Band ist inhaltlich in sich abgeschlossen.

www.eagle-leipzig.de/verlagsprogramm.htm

Wolfgang Brune

EAGLE-GUIDE
Klima von A bis Z

EAG.LE Edition am Gutenbergplatz
Leipzig

Bibliografische Information der Deutschen Nationalbibliothek
Die Deutsche Nationalbibliothek verzeichnet diese Publikation in der
Deutschen Nationalbibliografie; detaillierte bibliografische Daten sind
im Internet über http://dnb.d-nb.de abrufbar.

Dr. Wolfgang Brune
Geboren 1938 in Treuen / Vogtland.
Studium an der TU Dresden und Promotion an der
Hochschule für Energiewirtschaft Zittau.
Von 1965 bis 1990 leitende Positionen in der ostdeutschen
Energiewirtschaft (Forschung, Kraftwerksbetrieb, Management).
Von 1990 bis 2003 Geschäftsführer des
Instituts für Energetik und Umwelt gGmbH, Leipzig.
Zahlreiche wissenschaftliche Publikationen und aktive Auftritte
auf internationalen Konferenzen.

Erste Umschlagseite:
Amboss-förmiges Wolkenpanorama. Mit freundlicher Genehmigung:
Flagstaffotos, Swifts Creek VIC. 3896, Australia.

Vierte Umschlagseite:
Das Motiv zur BUGRA Leipzig 1914 (Weltausstellung für Buchgewerbe
und Graphik) zeigt neben B. Thorvaldsens Gutenbergdenkmal auch das
Leipziger Neue Rathaus und das Völkerschlachtdenkmal.

Für vielfältige Unterstützung sei der Teubner-Stiftung in Leipzig gedankt.

Warenbezeichnungen, Gebrauchs- und Handelsnamen usw. in diesem Buch
berechtigen auch ohne spezielle Kennzeichnung nicht zu der Annahme, dass
solche Namen im Sinne der Warenzeichen- und Markenschutz-Gesetzgebung
als frei zu betrachten wären und von jedermann benutzt werden dürften.

EAGLE 061: www.eagle-leipzig.de/061-brune.htm

Das Werk einschließlich aller seiner Teile ist urheberrechtlich geschützt.
Jede Verwertung außerhalb der engen Grenzen des Urheberrechtsgesetzes ist
ohne Zustimmung des Verlages unzulässig und strafbar. Das gilt besonders für
Vervielfältigungen, Übersetzungen, Mikroverfilmungen und die Einspeicherung
und Verarbeitung in elektronischen Systemen.

© Edition am Gutenbergplatz Leipzig 2012

Printed in Germany
Umschlaggestaltung: Sittauer Mediendesign, Leipzig
Herstellung: Books on Demand GmbH, Norderstedt
ISBN 978-3-937219-61-5

Vorwort

Mancher mag sich schon gefragt haben: Warum unterscheidet sich eigentlich das Temperaturregime des Mondbodens so sehr von dem des Erdbodens? Der Sonnenabstand ist der gleiche; der feste Boden ist bei beiden Himmelskörpern zumindest vergleichbar. Der Unterschied besteht in der Atmosphäre und in der Hydrosphäre der Erde und in ihrer Wechselwirkung, das heißt vor allem in der Verdunstung und Kondensation von Wasser. Die Temperaturverhältnisse auf dem Mond werden allein von Strahlung beherrscht. Auf der Erde greifen mit den Fluiden Luft und Wasser noch materie-gebundene Wärmeströme ein. Damit ist eigentlich, aus klimatologischer Sicht, das Wesentliche bereits gesagt.

Weitere Fragen und Antworten, gewiss nicht erschöpfend, ergeben sich aus den Stichworten dieses Buchs und können zu weiterer Vertiefung anregen. Das Buch dient der Übersicht und der Orientierung. Es kann und soll nicht die einschlägigen Sach- und Fachbücher ersetzen. Es kann sie jedoch, wie ich hoffe, helfend begleiten oder manchmal sogar ergänzen. Es spart nämlich Gegensätzliches – beim Thema Klima nicht ungewöhnlich – nicht aus, sondern stellt auch konträre Ansichten dar (siehe beispielsweise die Stichworte Treibhauseffekt und atmosphärischer Temperatureffekt). Im Vergleich zur gängigen Klimaliteratur verlagert sich im vorliegenden Buch der Schwerpunkt etwas weg vom Kohlenstoffdioxid, hin zum Wasser. Wasser erweist sich immer mehr als ein umfassender irdischer Klimaregulator. Zudem reduziert das Vorhandensein der Atmosphäre naturgemäß die Rolle von Strahlungsvorgängen zum Wärmeaustausch im Klimasystem. Zugunsten eben von materie-gebundenen Wärmeströmen.

Herrn Hans Jelbring, PhD, Stockholm, sowie dem Verlag und Herrn Jürgen Weiß ist der Autor für vielfältige Hinweise zu besonderem Dank verpflichtet.

Leipzig, September 2012   Wolfgang Brune

Inhalt:
Klima von A bis Z

A	7
B	10
C	12
D	13
E	14
Eiszeitalter	16
Energiewirtschaft und Klima	19
F	22
G	24
H	26
I	29
J	31
K	31
Klima	32
L	39
Leistungsbilanz des Erdklimasystems	40
Luft (klimatologisch)	42
M	44
N	47
O	48
P	48
R	51
S	52
T	59
Temperatureffekt (atmosphärischer)	59
Treibhauseffekt	63
U	66
V	67
W	68
Wald (klimatologisch)	68
Wasser (klimatologisch)	71
Wirtschaften und Klima	74
Wolken	75
Z	76
Zwei-Effektivlagenmodell der optisch kompakten Atmosphäre	76
Zweistufigkeit der tropischen Wolkenbildung	77
Formelzeichen	78

A

Abkühlungsrate der Atmosphäre. ↑Wasserentzugsrate.

Absorption von elektromagnetischer Strahlung an Materie.
Als durchgängiger Parameter von elektromagnetischer Strahlung sei die Wellenlänge betrachtet:
- Mikrowellenstrahlung: von etwa 100 cm bis etwa 1 mm;
- Infrarot-Strahlung: von 1 mm bis 780 nm;
- Sichtbares Licht: von 780 nm bis 380 nm;
- Ultraviolett-Strahlung: von etwa 380 nm bis 1 nm;
- Röntgen-Strahlung: von 1 nm bis 10 pm;
- Gamma-Strahlung: < 10 pm.

Bei der Absorption von elektromagnetischer Strahlung an Materie kann man der Strahlung eine Art Qualität zuordnen; dabei sei insbesondere flüssiges Wasser als bevorzugte Materie verstanden: Mikrowellenstrahlung führt bei Absorption zur *Rotation der Moleküle*. Sinkt die Wellenlänge der Strahlung ab, können die Moleküle dem rasch wechselnden Feld nicht mehr folgen; an die Stelle der Ionenpolarisation tritt *Elektronenpolarisation*, etwa ab Absorption von IR-Strahlung. Elektronen der Materie werden angeregt und halten sich kurzzeitig in einem angeregten Zustand auf, ehe sie wieder durch Strahlungsemission in den vorherigen Grundzustand zurückfallen. Sinkt die Wellenlänge der absorbierten Strahlung weiter, tritt *Ionisation* auf; Elektronen werden aus dem Molekülverband herausgeschlagen; trifft für (harte) Ultraviolett-, Röntgen- und Gammastrahlung zu.

Absorptivität. Absorptionsvermögen von Strahlung. Maß für die Abschwächung einer Strahlung (zum Beispiel Licht) nach Durchqueren eines Mediums. Ist abhängig von der Wellenlänge.

Abstrahlung ins All. Summarische Wärmeabstrahlung des Systems Erde / Atmosphäre ins All, aus unterschiedlichen Höhen und von unterschiedlichen Emittern der Atmosphäre und – im IR-Strahlungsfenster – auch von der Erdoberfläche aus. Beträgt heute im Mittel etwa 240 W m^{-2}. Man kann sie sich von einer einzigen ↑Effektivtemperatur aus emittiert denken.

Abstrahlungshöhe. Höhenlage in der Atmosphäre eines Planeten, aus der die Abstrahlung ins All erfolgt. Die Höhenlage ist abhängig vom Emitter, der jeweils die Abstrahlung besorgt. Im Falle mehrerer Emitter in der Atmosphäre kann entsprechend der ↑Effektivtemperatur eine repräsentative Höhenlage ausgemacht werden, von der aus die Gesamtheit der Abstrahlung erfolgt.

Adiabasie, adiabatisch. Eigenschaft eines physikalischen Systems, keine Wärme mit der Umgebung auszutauschen. Klimatologisch besonders interessant bei vertikaler Luftbewegung: Da die Wärmeleitung von Luft sehr gering ist, dehnt sie sich bei einer Vertikalbewegung aus; die dafür benötigte Energie wird der inneren Energie eines Luftpakets entnommen, wodurch es sich abkühlt. Bei einem absinkenden Luftpaket verhält es sich umgekehrt; die innere Energie nimmt zu, das Paket erwärmt sich.

Aerosole. Sie können in der Atmosphäre, insoweit sie IR-aktiv sind, Klimawirkung entfalten.

Albedo der heutigen Erde. Bezeichnet zusammengefasst die mittlere Reflexion von Sonnenstrahlung am heutigen Erdsystem (Wolken, Atmosphäre, Erdoberfläche) und liegt bei etwa 0,3.

Allgemeine Zirkulation. Die Äquatorregion der Erde empfängt von der Sonne einen über dem globalen Durchschnitt liegenden Energiebetrag, die Polarregionen dagegen einen im Durchschnitt deutlich darunter liegenden Energiebetrag. Daraus ergibt sich der physikalische Zwang zum globalen Energieausgleich in meridionaler Richtung, der sich über leicht bewegliche Luftströmungen vollzieht, aber auch über Meeresströmungen. In der einfachsten Form, bei einem Globus mit nur langsamer Rotation und ohne Achsneigung, bildet sich am Äquator eine planeten-umspannende Tiefdruckrinne in Bodennähe aus („Bodentief"). Die am Äquator liegenden bodennahen Luftmassen erwärmen sich täglich stark. Die erwärmte Luft verliert an Dichte und steigt empor. Im Gefolge des Aufstiegs, spätestens in Nähe der ↑Tropopause, hat sich die Luft abgekühlt und strömt von dem dabei entstandenen „Höhenhoch" weg, nach Norden und nach Süden, hin zu den Polen („Höhentief"). Die Luft kühlt weiter ab und sinkt zurück zur Oberfläche („Bodenhoch"). Am Boden strömt die Luft von den

Polen wieder zurück zum Äquator, um sich erneut zu erwärmen. Es findet auf diese Weise eine immerwährende globale Zirkulation in der Atmosphäre statt. Bei einem Globus mit „normaler" Rotation und mit Achsneigung bleibt es nicht bei dieser einzigen Zirkulationszelle. ↑Hadleyzelle. ↑Ferrelzelle. S. auch ↑Leroux, M.

Anthropogen. Vom Menschen verursacht.

Arides Klima. Klima, bei dem die mittlere Verdunstung den mittleren Niederschlag übersteigt. Die Luftfeuchte ist sehr niedrig.

Arrhenius, Svante. Schwedischer Physiker und Chemiker (1859-1927). Nobelpreisträger. Hier: Prägte weltweit das Klimabewusstsein im 20. Jahrhundert, richtete dabei bezüglich der Erwärmung der Erdoberfläche den Blick auf das Kohlenstoffdioxid.

Atlantische Multidekaden-Oszillation. Periodische Schwankungen der Ozeanströmungen im Nordatlantik mit einer Zyklusdauer von etwa 60 a. Wirkt sich über die Atmosphäre auf das Klima aus.

Atmosphärische Gegenstrahlung. Die untere Atmosphäre wird im Modell als eigener plan-paralleler Strahler angesetzt, der von einer ↑Effektivtemperatur aus in Richtung Planetenoberfläche strahlt. Diese Strahlung umfasst die Emission aller Emitter in der unteren Atmosphäre, deren individuelle ↑optische Tiefe gerade die Planetenoberfläche zu erreichen gestattet, vor allem atmosphärische „Flüssigwasserkörper" (in Nähe der Wasser-Dichteanomalie bei 4 °C). Die Gegenstrahlung bildet mit der originären Hinstrahlung (entsprechend der mittleren Temperatur des Bodens) ein zusammengehöriges Paar Hin- und Gegenstrahlung im Bereich der Erdoberfläche (↑Nettostrahlung). Von der Erdoberfläche kann im Wesentlichen keine der Oberflächentemperatur entsprechende Wärmestrahlung in der Atmosphäre wirksam werden. Was an Wärmestrahlung des Bodens nicht in den Wellenlängen des ↑IR-Strahlungsfensters bei *klarem* Himmel direkt ins All emittiert wird, trifft – außerhalb der Wellenlängen des ↑IR-Strahlungsfensters – auf die etwa gleich intensive atmosphärische Gegenstrahlung und wird energetisch neutralisiert. Die an den Halbraum durch mittlere isotrope Strahlung ↑übertragene Energie (↑Eddingtonfluss) $\dfrac{H}{\pi} = \overline{J}^+ - \overline{J}^-$ ist in etwa null. Die Wärme, über die die Atmosphäre verfügt, kann danach nur über materie-gebundene Wärmeströme, die ihren Ursprung in der Sonneneinstrahlung haben, in die Atmosphäre eingetragen werden: durch adiabatische Aufwärtsbewegung von erwärmten Luftpaketen in der druck-geschichteten Atmosphäre. Im stationären Fall entsteht dabei auch eine stabile Temperaturschichtung in der Atmosphäre.

Aufwärmungsrate der Atmosphäre. ↑Wasserzufuhrrate.

B

Barometrische Höhenformel. Bezeichnet die integrierte Form der ↑statischen Grundgleichung; dabei wird angenommen, dass der Druck P nur eine Funktion der Höhe h ist. Für eine isotherme Atmosphäre erhält man die einfache Form: $P_h = P_S \cdot e^{-\frac{Mg}{RT} h}$. Der Druck P_h nimmt in einer ↑isothermen Atmosphäre exponentiell mit der Höhe h ab; er ist in der Höhe unbegrenzt, d. h. erreicht erst bei unendlich den Wert null.

Baumringe. Datierungsmethode. Je nach mittlerer Feuchte des Jahres fallen Baumringe breit oder schmal aus. Damit bilden sich auch klimatische Trockenperioden wie die ↑Kleine Eiszeit ab.

BEST. Berkeley Earth Surface Temperatures. Aussage: Das Festland der Erde ist in den vergangenen Jahrzehnten wärmer geworden. Das ist nicht ungewöhnlich, da fast alle aus der menschlichen Wirtschaftstätigkeit erwachsenden Spurengasquellen über Land wirksam werden. Ob aber CO_2 oder Wasserdampf die Hauptquelle ist, kann hieraus nicht abgeleitet werden.

Bewölkungsgrad, Wolkenbedeckungsgrad. Maß für die mittlere globale Wolkenbedeckung der Erde. 0% bedeutet klarer Himmel; 100% bedeutet vollständige Bewölkung. Im Mittel beträgt heute die globale Wolkenbedeckung etwa 60%.

Biomasseoxidation und Klima. Ist die energetische Nutzung von Biomasse grundsätzlich klima-neutral? Bezüglich des Kohlenstoffdioxids ja: Was bei der energetischen Nutzung an CO_2 frei wird, wurde vorher durch das biologische Wachstum an CO_2 aufgenommen. Für das Wasser kann das jedoch so nicht vorausgesetzt werden: Vorher beim Wachstum gebundenes flüssiges Wasser wird bei der energetischen Nutzung als Wasserdampf der Atmosphäre zugeführt und kann dort, wie jede Wasserdampfzufuhr, klimatisch wirksam werden, indem sie Wolkenbildung, optische Tiefe, Temperaturgradient und Abstrahlungshöhe verändert.

Bodenwärmestrom, radiativer; Bodenwärmestrahlung. Entsprechend der mittleren Temperatur der globalen Erdoberfläche (heute etwa T_S = 289 K) kann am Modell nach dem Stefan-Boltzmannschen Gesetz dieser Oberfläche eine Schwarzkörperstrahlung von etwa 396 W m^{-2} zugeordnet werden. Alle Wellenlängen dieser Strahlung, die innerhalb des ↑IR-Strahlungsfensters liegen, werden – mangels Absorbern in der Atmosphäre – unmittelbar ins All emittiert (etwa 63 W m^{-2} bei global klarem Himmel). Es verbleibt eine Bodenwärmestrahlung außerhalb des ↑IR-Strahlungsfensters von 396 W m^{-2} – 63 W m^{-2} = 333 W m^{-2}. Sie trifft auf dem Weg nach oben auf eine im Mittel gleichgroße ↑atmosphärische Gegenstrahlung und wird damit energetisch „neutralisiert", vermag mithin keine Wärme an die darüber liegende Atmosphärenschicht zu übertragen.
Die Bodenwärmestrahlung kann im ↑IR-Strahlungsfenster nur durch die Bewölkung ganz oder teilweise absorbiert werden, nicht durch IR-aktive Gase, also explizit auch nicht durch CO_2. Der Teil der Bodenstrahlung, der durch die Bewölkung absorbiert wird, wird in den Wolken nach oben transportiert und dann weiter oben in der Atmosphäre wieder abgestrahlt und „thermalisiert". Er wird damit Bestandteil der mittleren ↑Abstrahlung aus der Atmosphäre ins All, die aus der oberen ↑Effektivtemperatur erfolgt.
Bodenwärmestrahlung kann zusammengefasst also nur innerhalb des ↑IR-Strahlungsfensters wahrgenommen werden (als ↑Direktabstrahlung ins All oder durch Absorption an Wolken); es handelt sich um eine ↑Nettostrahlung. Außerhalb des Fensters erfolgt in unterer Atmosphäre „Thermalisierung", s. ↑Strahlungsantrieb.

Boltzmann, Ludwig. Österreichischer Physiker (1844-1906). Hauptarbeitsgebiet: statistische Thermodynamik.

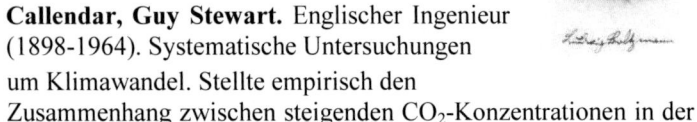

C

Callendar, Guy Stewart. Englischer Ingenieur (1898-1964). Systematische Untersuchungen um Klimawandel. Stellte empirisch den Zusammenhang zwischen steigenden CO_2-Konzentrationen in der Atmosphäre und der mittleren globalen Bodentemperatur her.

CERN. Ursprünglich: Conseil Européenne pour la Recherche Nucléaire. Europäische Organisation für Kernforschung, Genf.

Clausius-Clapeyronsche Beziehung. Hier insbesondere bei Wasser und Wasserdampf; sie stellt den Verlauf der Phasengrenzlinie zwischen der flüssigen und der gasförmigen Phase dar: Mit Näherungsansätzen kann man eine entsprechende Gleichung integrieren: (1) Das Flüssigkeitsvolumen kann gegen das Gasvolumen vernachlässigt werden. (2) Die Übergangswärme kann im klimatologisch relevanten Temperaturbereich als temperaturunabhängig angenommen werden. Dann ergibt sich eine annähernd exponentielle Abhängigkeit des Drucks von der Temperatur.

CLOUD. Cosmics Leaving OUtdoor Droplets. Experiment am ↑CERN. Untersucht die mikrophysikalischen Wechselwirkungen zwischen kosmischer Strahlung und Wolken. Sowohl Beobachtungen als auch theoretische Studien legen nahe, dass es zwischen der galaktischen kosmischen Strahlung und der Bildung von Wolken und damit dem Klima einen signifikanten Zusammenhang gibt. Das Experiment lässt nach Durchführung tatsächlich auf einen solchen Zusammenhang schließen.

Corioliskraft. Trägheitskraft in einem rotierenden Bezugssystem (zusätzlich zur Zentrifugalkraft), wenn eine Masse innerhalb des rotierenden Systems nicht ruht, sondern sich relativ zum System bewegt. Sie wirkt infolge der Erdrotation insbesondere auf jeden sich auf der Erde bewegenden Körper ein, also auch auf Windströmungen.

Cumulonimbus, Gewitterwolke. Vertikale Wolken, die sich einige Kilometer in die Höhe erstrecken können. Daraus fällt Niederschlag (Regen, Hagel und Schnee); häufig mit Gewittern verbunden. Entsteht aus ↑Cumulus. Bei ausreichendem Feuchteangebot wächst die Wolke bis zu einer Inversionsschicht oder bis zur ↑Tropopause und breitet sich von da an horizontal aus.

Cumulus, Haufenwolke. Auch: Quellwolke. Flache Unterseite, bei mehreren Wolken etwa alle in gleicher Höhe. Auf Oberseite weiße „Blumenkohlköpfe". Tritt bei schönem Wetter und feuchter Luft auf. Thermik, Aufwind; aufsteigende Luftmasse dehnt sich aus und kondensiert. Bei genügend großer Luftfeuchte kann sich aus Cumulus ↑Cumulonimbus entwickeln.

D

Dansgaard-Oeschger-Ereignisse. DO-Ereignisse. Schnelle Klimaschwankungen (schnelle Erwärmungen, langsame Abkühlungen in der nördlichen Hemisphäre; Dauer: Jahrhunderte).

Dalton-Minimum. Etwa von 1790 bis 1830. Zeitabschnitt mit geringer magnetischer Aktivität der Sonne (wenig Sonnenflecken), woraus sich durchschnittlich niedrigere Oberflächentemperaturen der Erde ableiten können.

Daltonsches Gesetz. Die Summe aller Partialdrücke P_i ist bei idealen Gasen gleich dem Gesamtdruck des Gemischs.

Degradation. Entwertung, insbesondere der Energie nach erfolgter Absorption in Materie.

Dichtegradient in der Atmosphäre. Verursacht durch die Gravitation eines Planeten mit Atmosphäre. ↑Druckgradient.

Dines, William Henry. Englischer Meteorologe (1855-1927). Erfinder von meteorologischen Instrumenten. Hat 1917 eine erste Wärmebilanz der Atmosphäre vorgelegt.

Dipolmoment, magnetisches. IR-aktive Gase in der Atmosphäre verfügen entweder über ein permanentes (wie Wasserdampf) oder ein zeitweiliges Dipolmoment (wie Kohlenstoffdioxid), mit dem sie auf Strahlungsfelder, in der Regel im IR-Wellenbereich, reagieren können.

Direktabstrahlung des Bodens in das All. Im ↑IR-Strahlungsfenster kann die Erdoberfläche bei klarem Himmel direkt ins All abstrahlen, weil in diesem Wellenlängenbereich keine Absorptionsbanden der hauptsächlichen IR-aktiven Gase in der Atmosphäre vorhanden sind (Ausnahme: Ozon). Im globalen Mittel würde auf der Erde heute bei durchweg klarem Himmel diese Direktabstrahlung etwa 63 W m^{-2} betragen. Es gibt nur eine Möglichkeit, das IR-Strahlungsfenster teilweise oder ganz für Bodenwärmestrahlung zu verschließen, nämlich in Abhängigkeit vom globalen ↑Bewölkungsgrad. Bei klarem Himmel werden unter heutigen mittleren globalen Verhältnissen die genannten 63 W m^{-2} direkt vom Boden ins All abgestrahlt. Beträgt die Wolkenbedeckung global 100%, muss man davon ausgehen, dass keine Bodenstrahlung direkt ins All emittiert wird. Beträgt sie im Mittel etwa 60%, wie heute gegeben, werden die von Trenberth und Kollegen angegebenen 40 W m^{-2} (s. ↑Leistungsbilanz) direkt ins All emittiert.

Dissipation. Bezeichnet in der Thermodynamik eine physikalische Arbeit, die auf Grund von Reibungs- und ähnlichen Prozessen in thermische Energie umgewandelt wird; irreversibel, mit Entropiezunahme verbunden.

Druckgradient in der Atmosphäre. Verursacht durch die Gravitation eines Planeten mit Atmosphäre. ↑Dichtegradient.

Dunst. Trübung der Erdatmosphäre durch Wassertröpfchen oder Staub. Ist im Vergleich zum Nebel weniger dicht.

E

Elemente der alt-griechischen Philosophie. Über eine längere Zeit von verschiedenen Autoren, erstmals vollständig durch Empedokles, erarbeitete Weltanschauung, wonach die Welt auf den vier Elementen Erde (fester Boden), Wasser, Luft und Feuer aufgebaut sei (der Begriff „Element" stammt wohl erst von Plato).

Eddington, Sir Arthur Stanley. Englischer Astrophysiker (1882-1944).

Eddingtonfluss. Die im Zusammenhang mit zwei einander entgegen gerichteten mittleren Wärmestrahlungen in der Atmosphäre übertragenen Energien in einen Halbraum zwischen den Strahlern.

Effektivtemperatur in der Atmosphäre. Eine Temperatur, von der aus man ersatzweise annehmen kann, dass von ihr zusammengefasst die gleiche Strahlung ausgeht wie von verschiedenen Emittern, die von unterschiedlichen Höhenlagen (Temperaturen) unterschiedliche Strahlungsstücke emittieren, die sich jedoch gedanklich zu einer Gesamtstrahlung zusammenfügen lassen.

Eigenwärmeerzeugung bei Planeten. Planeten, die über einen Kern aus Flüssigmetall und /oder über ausreichend umfangreiche radioaktive Substanzen in ihrem Inneren verfügen oder bei denen der planetare Schrumpfungsprozess noch nicht zum Erliegen gekommen ist bzw. bei denen noch Sedimentationsvorgänge im Inneren ablaufen, vermögen – neben der Erwärmung durch Sonnenstrahlung – auch in messbarem Umfang eine Eigenwärmeerzeugung zu generieren. Beispiel: Jupiter oder Saturn. Bei der Erde ist die Eigenwärmeerzeugung klein gegen die solare Wärmezufuhr.

Eindringtiefe der Sonnenstrahlung. Elektromagnetische Strahlung, wie auch die Sonnenstrahlung, dringt in Abhängigkeit von ihrer Wellenlänge verschieden tief in Absorber ein. Beispiel ist die Absorption in Wasser: Der blaue Anteil der Sonnenstrahlung dringt viel tiefer in das Wasservolumen ein als der rote Anteil. Noch viel weniger tief im Vergleich zur Sonnenstrahlung dringt terrestrische Wärmestrahlung in das Wasservolumen ein (wird quasi nur an der Oberfläche wirksam).

Eisbohrkern. Mit einem Hohlkernbohrer gewonnener Kern aus einer Eisschicht. Enthält Informationen über das Klima in vergangenen Zeiten, die mit der Aktivitätsbestimmung bestimmter radioaktiver Nuklide gewonnen werden können.

EISZEITALTER. Hier vor allem der zunehmend regelmäßiger werdende Wechsel von ziemlich eindeutig definierten Kalt- und Warmzeiten im Pleistozän. In den letzten rund 400 000 Jahren lagen die Kaltzeiten bei charakteristischen mittleren tiefsten Temperaturen um 280,4 K und die Warmzeiten bei höchsten mittleren Temperaturen um 292,5 K. Die Zeitspanne des Übergangs von warm nach kalt lag bei rund 90 000 Jahren, die des Übergangs von kalt nach warm bei rund 10 000 Jahren. Das ergibt eine sehr niedrige mittlere Temperatursenkungsrate von rund $0,0001 K\ a^{-1}$ bzw. eine ebenfalls noch sehr niedrige mittlere Temperaturerhöhungsrate von rund $0,001\ K\ a^{-1}$. Beide Temperaturraten korrespondieren mit einer mittleren Wasserentzugsrate von $0,1 \cdot 10^9\ t\ a^{-1}$ bzw. einer mittleren Wasserzufuhrrate von etwa $1 \cdot 10^9\ t\ a^{-1}$. Der Übergang von einer Kaltzeit zu einer Warmzeit ist jeweils mit einem drastischen natürlichen Klimawandel verbunden gewesen:

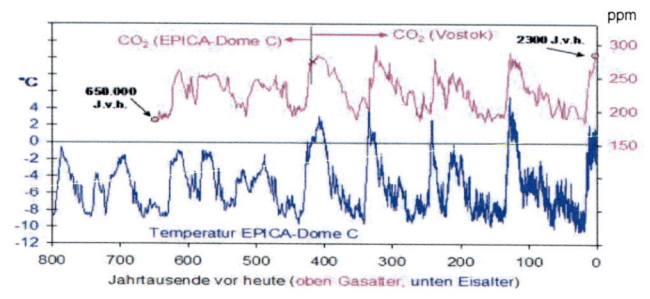

Die Warm- und Kaltzeiten in den letzten 800 000 Jahren des Pleistozäns

Von einer Kaltzeit aus scheint es ausgeschlossen zu sein, dass die Menschheit die seitherige zivilisatorische Entwicklung hätte nehmen können – dazu fehlte die Energie; von einer Warmzeit aus, ist es plausibel. Die Frage allerdings, ob das Eiszeitalter tatsächlich überwunden worden ist, lässt sich heute noch nicht abschließend beantworten; die vergangene Zeit reicht noch nicht aus.

Emissivität, Emissionsvermögen. Im Gegensatz zu einem schwarzen Körper *absorbieren* Oberflächen realer Körper nur einen Bruchteil $\alpha\,(\lambda)$ der auftreffenden Strahlung. Ein weiterer Anteil $\rho\,(\lambda)$ wird von der Oberfläche *reflektiert*, ein weiterer Bruchteil $\tau\,(\lambda)$ *durchdringt* den Körper, ohne absorbiert zu werden. Mit *Emissivität* $\varepsilon\,(\lambda)$ wird der Bruchteil der Strahlung bezeichnet, der den Körper nach Energieabsorption als Wärmestrahlung verlässt. Befindet sich ein Körper im thermodynamischen Gleichgewicht, wird die absorbierte Strahlungsenergie auch wieder emittiert, da sich sonst die Temperatur ändern würde; es gilt $\alpha = \varepsilon$ (Kirchhoffsches Strahlungsgesetz). Die Summe von Absorptivität, Reflektivität und Transmissivität ergibt eins: $\alpha + \rho + \tau = 1$.

Energie (Feuer). Als Prozessenergie wichtiges Klimaelement. Auch als Feuer Bestandteil der alt-griechischen ↑Elemente. Ein Klimazustand ist ein Fließzustand. Um ihn aufrechtzuerhalten, bedarf es einer dauerhaften, möglichst gleichmäßigen Energiezufuhr und einer Energieabfuhr in gleicher Art und Größe. Die Sonne ist die einzige Energiequelle, die diese Anforderungen für die Erde in etwa erfüllen kann. Allerdings ist die Sonnenstrahlung auch nicht ideal gleichmäßig. In der mehrere Milliarden Jahre währenden Erdgeschichte hat sie summarisch in der Intensität um etwa 30% zugenommen. Sie wird in einer noch fernen Zukunft, wenn die Sonne in das Stadium des Roten Riesen eintritt und sich stark aufblähen wird, die Erde in einen glutheißen Wüstenplaneten verwandeln, vielleicht den Erdkörper auch ganz verschwinden lassen. Heute beträgt die mittlere Intensität der Sonnenstrahlung in Höhe der Erdbahn etwa $1367\ \text{W m}^{-2}$. Auch diese Intensität unterliegt Schwankungen, einmal im Zusammenhang mit inneren Vorgängen auf der Sonne, zum anderen im Zusammenhang mit den Erdbahnparametern und der Neigung der Erdachse. Neben den geometrisch bedingten Schwankungen der Intensität der Sonnenstrahlung ist auch die magnetische ↑Sonnenaktivität bedeutsam. Sie führt im Rhythmus von 22 Jahren zu einer regelmäßigen Schwankung der Strahlungsintensität (Sonnenflecken-Tätigkeit) und damit offenbar auch – im Zusammenhang mit dem Magnetfeld der Erde – zu einer schwankenden Einwirkung der galaktischen kosmischen Strahlung auf die irdischen Prozesse der Wolkenbildung und damit zu einem strahlungs-wirksamen Grad der globalen Wolkenbedeckung.

Die absorbierte Sonnenstrahlung wandelt sich zum großen Teil in den fluiden Elementen Luft und Wasser in materie-gebundene Wärmeströme um, die sich im irdischen Klimasystem von warm nach kalt bzw. von hohem Druck zu niedrigem Druck verteilen. Sie wird dann, energetisch „entwertet", jedoch in gleicher *Quantität*, durch IR-aktive Gebilde aus der Atmosphäre, in den Wellenlängen des IR-Strahlungsfensters auch direkt vom Boden, ins All abgestrahlt. Neben der Sonnenstrahlung kommen prinzipiell auch dauerhaft wirksame Energieeinträge aus dem Erdinneren und durch die Wirtschaftstätigkeit der Menschen in Frage. Sie erreichen jedoch nur weniger als 0,1% der Intensität der Sonnenstrahlung und sind damit energetisch bedeutungslos für das Klima. Noch geringer sind die Einstrahlungen von Mond und Sternen.

Energieeintrag in die Atmosphäre durch planetare Tiefenwärme. Da ein Teil der Sonnenstrahlung auch etwas tiefer in den Erdkörper einzudringen vermag (und nicht nur unmittelbar an der Oberfläche wirkt), kann die solar erwärmte Erdoberfläche auch noch Wärmestrahlung in die Atmosphäre abgeben, wenn die Sonne nicht oder nicht mehr auf die Oberfläche scheint.

Energieeintrag in die Atmosphäre durch Wirtschaftstätigkeit. Neben dem *solaren Energieeintrag* in die Erdatmosphäre kann auch ein Energieeintrag aus der *Tiefe des Erdkörpers* und ein solcher aus der *Wirtschaftstätigkeit* ausgemacht werden. Für heute gilt: Der solare Energieeintrag ist so groß, dass die anderen Energieeinträge dagegen vernachlässigt werden können.

Energieflussdichte. Beschreibt die Dichte und die Richtung des Energietransports einer elektromagnetischen Welle. Da Energiefluss gleich Leistung gilt, hat die Energieflussdichte die Einheit $W\ m^{-2}$. In dieser Leistungs-Einheit werden in der Regel alle globalen klimatologischen Energiebilanzen dargestellt.

Energiegleichgewicht. Wenn die einem Körper zugeführte Energie gleich der abgeführten Energie ist, herrscht Energiegleichgewicht; die Temperatur des Körpers bleibt konstant (bzw. es findet keine Ausdehnung oder keine Phasenumwandlung statt).

Energiesatz. 1. Hauptsatz der Thermodynamik. Energie kann nicht erzeugt oder vernichtet werden, Energie kann sich nur in eine andere umwandeln. Der Energiesatz kann in der Klimatologie auch Interpretationsprobleme mit sich bringen, wenn das untersuchte System nicht sauber beschrieben wird, zum Beispiel: Was geschieht mit der Energie der ↑atmosphärischen Gegenstrahlung, die auf die Erdoberfläche strahlt; sie müsste doch die Temperatur der Erdoberfläche zusätzlich zur Sonnenstrahlung erhöhen, weil sie sonst verloren ginge? (Tatsächlich handelt es sich jedoch – bei Abzug der direkten Bodenabstrahlung im ↑IR-Strahlungsfenster – im Mittel um zwei *entgegengerichtete* Wärmestrahlungen von annähernd *gleicher Intensität*, die sich energetisch neutralisieren.)

Energietransport, Energieübertragung durch Strahlung. Strahlung vermag Energie zu transportieren wie Wärmeleitung oder Konvektion auch, allerdings eben nicht materie-gebunden. Wenn Strahlung absorbiert wird, wird beispielsweise die transportierte Energie in Form von Wärme frei. Ist die Strahlungsenergie sehr hoch, kann der Materieverband durch Ionisation auch zerstört werden. S. auch ↑übertragene Energie.

ENERGIEWIRTSCHAFT UND KLIMA. Die Energiewirtschaft ist nicht die einzige Branche mit Bezug zum Klima. Sie ist jedoch bedeutsam, vor allem im Zusammenhang mit vielfältigen *Verbrennungsprozessen*. Damit werden der Atmosphäre laufend die IR-aktiven Gase CO_2 und Wasserdampf hinzugefügt. Die erste Stufe der wirtschaftlichen Klimabeeinflussung (Entwaldung / Landwirtschaft) ist offenbar bezüglich der Entwicklung des Menschen und des Lebens insgesamt als erfolgreich einzuschätzen. Die zweite Stufe (Industrialisierung) könnte möglicherweise jetzt über das wünschenswerte Ziel (Einebnung der natürlichen Temperaturextreme, Beendigung Eiszeitalter) hinausgeschossen sein. Die Anforderungen an eine künftige Energiewirtschaft lauten:

- Schrittweises Zurückfahren des *ungesteuerten* Wasserdampfeintrags in die Atmosphäre mit hochgradig wasserdampf-generierenden Verbrennungsprozessen; stattdessen die Nutzung der Verbrennung zur Klima*steuerung* (also keine Klima*neutralität*!).
- Entwicklung von Energieumwandlungsverfahren, die ohne Verbrennung fossiler Energieträger auskommen; auf Basis hoch-ener-

giedichter Materiebindungsenergie.

Die dritte Entwicklungsstufe der Klimawirkung ruht primärenergetisch voraussichtlich auf der Ionenwandlung von Wasserstoff, sei es als Nutzung der hohen Temperaturqualität der Sonnenstrahlung bei der katalytischen Wasserspaltung und / oder der aneutronischen Kernfusion bzw. der noch reichlich spekulativen kalten Neutronen für Transmutationen leichter Nuklide unter Einbeziehung der elektroschwachen Wechselwirkung. Damit könnte Strom auf direktem Weg gewonnen werden, ohne Wasser-Dampf-Prozesse, sowie auch Wasserstoff zur Energiespeicherung – alles ohne das heutige Gefahrenpotential der Radioaktivität. Energiespeicherung mit Wasserspaltung und Energierückgewinnung mit Brennwerttechnik ist klimatologisch ein Steuerungsinstrument. Die bisher alleinige Blickrichtung auf *erneuerbare Energien* ist wegen deren niedriger Energiedichte und des potentiellen Konflikts mit der Nahrungsmittelwirtschaft wenig zielführend.

ENSO. Wortschöpfung aus el ↑Niño und Südliche Oszillation. Im Grunde genommen, gehört auch die Phase la ↑Niña dazu.

Entropiesatz. 2. Hauptsatz der Thermodynamik. Er besagt:
(1) Wärmeenergie geht ohne äußere Beeinflussung stets von einem wärmeren zum kälteren Körper über.
(2) Es gibt keinen realen Prozess, der nichts weiter bewirkt als die Abkühlung eines Wärmereservoirs und die Erzeugung von äquivalenter mechanischer Arbeit.
(3) Gemische oder andere Ausgleichsvorgänge lassen sich nur wieder „entmischen", wenn man von außen Energie zuführt.
(4) Die Entropie nimmt in einem abgeschlossenen System bei irreversiblen Prozessen stets zu.
(5) Von selbst können in einem abgeschlossenen System nur solche Prozesse verlaufen, bei denen die Entropie zunimmt.
(6) Ein abgeschlossenes System strebt immer einem Zustand maximaler Entropie zu.

Es gibt jedoch auch Teilsysteme, bei denen – unter fortwährender geeigneter Energiezufuhr – die Entropie abnimmt (sonst wäre keine Entwicklung zu höheren Organisationsformen möglich), dann aber eben zu Lasten der Entropiezunahme eines übergeordneten

Systems (Umgebung). Der Entropiesatz verursacht vielfach in der Klimatologie interpretative Unsicherheiten. Zum Beispiel: Wie kann die ↑atmosphärische Gegenstrahlung eigentlich die Erdoberfläche zusätzlich erwärmen, wo sie doch in der Regel aus einer kälteren Region im Vergleich mit der Erdoberfläche stammt; dann würde doch Wärme von kalt nach warm fließen? (Tatsächlich handelt es sich jedoch – bei Abzug der direkten Bodenabstrahlung im ↑IR-Strahlungsfenster – im Mittel um zwei *entgegengerichtete* Wärmestrahlungen von annähernd *gleicher Intensität*.)

Entropieströme, klimatologische. Folgende mittlere Energie- und Entropieströme sind im irdischen Klimasystem bedeutsam:

(1) als Strahlung von der Sonne zur Absorption in der Erdatmosphäre (ca. 79 W m^{-2}),
(2) als Strahlung von der Sonne zur Absorption an der Erdoberfläche (ca. 161 W m^{-2}),
(3) als materie-gebundener Wärmestrom von der Erdoberfläche in die Atmosphäre (ca. 98 W m^{-2}),
(4) als Strahlung von der Erdoberfläche im ↑IR-Strahlungsfenster direkt ins All (ca. 40 W m^{-2}),
(5) als Strahlung von der Erdoberfläche zur Absorption an Wolken im ↑IR-Strahlungsfenster und weiter zur Absorption in der Atmosphäre (ca. 23 W m^{-2}).

Die Summe von (1) und (2) ergibt die gesamte solare Zustrahlung. Die Summe von (1), (3) und (5) ergibt die Abstrahlung aus der Erd*atmosphäre* ins All und als Summe mit der direkten Bodenabstrahlung (4) die *Gesamt*abstrahlung des Erdklimasystems ins All. Wenn man dazu die Temperaturen der beteiligten Wärmepools kennt, lassen sich die Entropiestromänderungen leicht berechnen. Sie werden wesentlich von der Differenz der beteiligten Temperaturen bestimmt und zwar unabhängig davon, ob die Energieströme radiativer oder konvektiver Natur sind. Der Multiplikator $(\frac{1}{T_{\text{tief}}} - \frac{1}{T_{\text{hoch}}})$ ordnet jeweils den solaren Strömen eine deutlich höhere Energiedegradation zu als den terrestrischen. Sie kann man immer wärmend auf der Haut spüren, terrestrische nur, wenn sie punktuell von höheren Temperaturen ausgehen.

Entwaldung. Bezeichnet den ersten großflächigen Eingriff in das Klimasystem der Erde durch die menschliche Wirtschaftstätigkeit. Begann vor etwa 10 000 Jahren, im Anschluss an die Wiederbewaldung nach der letzten Eiszeit. Die Entwaldung betrifft die gesamte Landoberfläche der Erde mit erheblicher Auswirkung auf das globale Klima. Auf Grund der Komplexität der Eingriffe gibt es Auswirkungen, die in Richtung einer Erwärmung an der Erdoberfläche zielen, jedoch auch solche, die in Richtung einer Abkühlung zielen. Siehe ↑Wald. Bei der Entwaldung am Ende der letzten eiszeitlichen Warmzeit haben offenbar die Erwärmungstendenzen überwogen, so dass das Abdriften des Erdklimas in eine neue Kaltzeit unterbunden worden ist.

Erwärmung, globale, anthropogen verursachte. AGW: anthropogenic global warming. Siehe ↑Treibhauseffekt.

Evapotranspiration. Bezeichnet die Gesamtheit von Transpiration und Verdunstung, bezieht folglich die Transpiration von Tieren und Pflanzen in die Verdunstungsvorgänge der Erde an offenen Wasserflächen mit ein.

Extensive Größe in der Thermodynamik. Größe, die von der Masse oder Menge abhängig ist. Beispiele: Masse, Volumen, Energie. Man kann eine extensive Größe auch in eine intensive Größe umwandeln, wenn man sie durch die Masse, Menge oder Anzahl Mole teilt: Es entsteht eine spezifische oder molare Größe.

F

Ferrel-Zelle. Meridionaler Wärmeaustausch in der Erdatmosphäre, der sich jenseits 30° geografischer Breite ausbildet.

Fester Boden. Gesteinskruste eines Planeten. Wichtiges Klimaelement, sofern ein Planet Wasser und auch Leben tragen soll. Außerdem Bestandteil der altgriechischen ↑Elemente. Der feste Boden besteht in der Regel aus Gestein (wie bei den erd-ähnlichen Planeten), könnte aber auch eine gefrorene Substanz darstellen (möglicherweise wie der Saturnmond Titan).

Feucht-adiabatisch. Beim adiabatischen Aufstieg von Luftpaketen in feuchter Luft verringert sich die Temperaturabnahme mit der Höhe, da durch die freigesetzte Kondensationswärme das Luftpaket zusätzlich erwärmt wird. Bei sehr tiefen Temperaturen nähert sich der feucht-adiabatische Gradient immer mehr dem trocken-adiabatischen, da kalte Luft immer weniger Wasserdampf enthalten kann als wärmere Luft.

Fluor-Chlor-Kohlenwasserstoffe. Diese Stoffe schädigen die Ozonschicht der unteren Stratosphäre („Ozonloch"), wodurch sich der Schutz der Atmosphäre gegen die Ultraviolett-Strahlung der Sonne verringert.

Fortak, Heinz. Deutscher Meteorologe, geb. 1926. Theoretische Meteorologie.

Fossil. Vorweltlich, insbesondere im Zusammenhang mit Überresten von Pflanzen und Tieren aus früheren Epochen der Erdgeschichte.

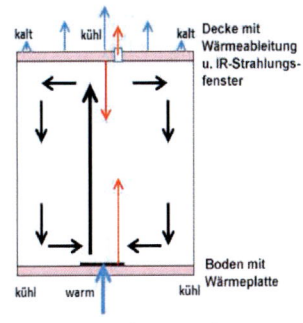

Fußbodenheizung in der Raumzelle. Modell und Gedankenexperiment für Troposphäre. Am Boden befindet sich eine Wärmeplatte. Wärmestrahlung (rot) und materie-gebundener Wärmestrom (schwarz) nach oben. Decke (mit niedrigerer Temperatur als Boden) hat ein IR-Strahlungsfenster, durch das ein kleinerer Teil der Bodenabstrahlung ins Freie entweicht (verschlossen mit Steinsalz). Entsprechend stationärer Temperatur strahlt die Decke nach unten, wobei die Differenz zwischen Bodenstrahlung und Fensterstrahlung gleich der Deckenstrahlung nach unten ist. Beide entgegen gerichtete Strahlungen (Boden minus Fenster; Decke) kompensieren sich; *diese Strahlungen übertragen keine Wärme.* Erwärmung der Decke erfolgt durch *materie-gebundenen Wärmestrom*. Der Materiestrom teilt sich oben und fließt an den Wänden wieder zurück zum Boden. Es besteht sowohl ein vertikaler als auch ein horizontaler Temperaturgradient (warm – kühl in Mitte; kühl – kalt an Decke; kalt – kühl an Seiten; kühl – warm am Boden). Die von unten zugeführte Wärme (blau) wird nach oben im Modell (blau) durch *Leitung* (in der Realität durch *atmosphärische Strahlung*) und *Bodennettostrahlung* (rot) wieder abgeführt.

G

Gaia-Hypothese. Geht auf Lynn Margulis und James Lovelock zurück: Die Biosphäre der Erde (als Gesamtheit aller Organismen) bildet ein sich selbst regulierendes System, das Bedingungen für die Erhaltung und Entwicklung des Lebens schafft.

Gasgleichung, -gesetz. Die allgemeine Gasgleichung für ideale Gase kann häufig in der Klimatologie zur Beschreibung wichtiger Sachverhalte benutzt werden: $\dfrac{\rho}{P} = \dfrac{M}{RT}$.

Gemäßigtes Klima. Klima der Regionen, in denen die Durchschnittstemperatur im wärmsten Monat über 10°C, die Jahresdurchschnittstemperatur jedoch unter 20°C liegt. Geographisch betrachtet reichen die gemäßigten Zonen von den Polarkreisen (66,5°) bis zum 40. Breitengrad (Nord bzw. Süd); gemäßigt bezeichnet folglich die beiden Klimazonen, die zwischen den Subtropen und den subpolaren Klimazonen liegen.

Geoengineering. Bezeichnet gezielte technische Eingriffe in natürliche Abläufe, um damit unerwünschte Klimabeeinflussungen zu reduzieren bzw. ganz zu beseitigen. In diesem Zusammenhang ist die globale Waldrodung (siehe ↑Wald) als eine frühe derartige Maßnahme einzustufen. Geoengineering setzt vor allem dort an, wo die Sonneneinstrahlung oder der Eintrag unerwünschter Substanzen in die Atmosphäre im Zusammenhang mit der Wirtschaftstätigkeit reduziert werden könnte.

Geophysik. Umfasst die Physik des Erdkörpers, der Ozeane und der Atmosphäre, im weiteren Sinne auch unter Einschluss der Eigenschaften der Planeten des Sonnensystems.

Globale Energiebilanz. Bilanz des Energieeintrags in das Erd-

Klima von A bis Z 25

klimasystem und des Energieaustrags aus dem Klimasystem. Darunter auch die globale Energiebilanz an der Erdoberfläche und die Energiebilanz am Oberrand der Atmosphäre.

Globale Erwärmung. S. anthropogene ↑Erwärmung.

Globalklima eines Planeten. Gedankenkonstrukt, das das Klima eines Planeten im Ganzen – zum Vergleich mit anderen Planeten – zu beschreiben versucht, insbesondere mit möglichst wenigen Klimaparametern, zum Beispiel durch eine einzige Oberflächentemperatur (Erde ca. 289 K; Venus ca. 730 K; Mars ca. 210 K).

Globalstrahlung. Kennzeichnet die gesamte Sonneneinstrahlung auf den Boden (direkte und indirekte).

Globaltemperatur an der Planetenoberfläche. Ein für die gesamte Oberfläche als repräsentativ angesehener Temperaturwert im Vergleich zu anderen analogen Planeten. Ihre Größe wird bestimmt durch die Strahlungsintensität des Zentralgestirns sowie durch die Bodenbeschaffenheit, die Gaseigenschaften der Atmosphäre und die Bewölkung des Planeten.

Graukörper-Atmosphäre. Die Atmosphäre als grauer Körper. Bezeichnet in der Strahlungsphysik einen Körper, dessen Oberfläche die auftreffende Strahlung nicht vollständig absorbiert und demzufolge auch nicht die maximale Strahlung bei einer gegebenen Temperatur emittiert (s. ↑Plancksches Strahlungsgesetz). Das Maß für die graue Oberfläche ist die Absorptivität α bzw. die Emissivität ε; ihre Werte können zwischen 1 und 0 liegen. $\varepsilon = 0$ bezeichnet einen idealen weißen Körper und $\varepsilon = 1$ einen idealen schwarzen Körper. Absorptivität bzw. Emissivität eines grauen Körpers sind in der Regel wellenlängen-abhängig, wodurch zum Beispiel das ↑Stefan-Boltzmannsche Gesetz nur noch näherungsweise gilt.

Grenze der Atmosphäre. Im Modell können eine obere und eine untere Grenze der Atmosphäre (Ränder) angesetzt werden.

Grenzschicht, planetarische. Unterste Atmosphärenschicht (ca. 0,5-2 km). Diese unterste Schicht ist dadurch gekennzeichnet, dass zum Beispiel horizontale Windströme stark durch die Rauigkeit des Erdbodens beeinflusst werden. Auch der vertikale Luftstrom ist weniger gleichmäßig als in größerer Höhe – im Modell kann sogar eine Unstetigkeit in der Temperatur eintreten. Schließlich könnte man in einem erweiterten Sinne auch die „Trennschicht" zwischen dem Strahlerpaar untere Atmosphäre – Boden zu einer solchen Grenze

Schwarzer Taghimmel auf dem Mond

zählen, damit auch die Unstetigkeit in der ↑optischen Tiefe (τ_S bzw. τ_A; ↑Zwei-Effektivlagenmodell; ↑Leistungsbilanz; ↑Luft).

H

Habitable Zone. Bezeichnet den Abstandsbereich, in dem sich ein Planet von seinem Zentralgestirn befinden muss, damit Wasser dauerhaft in flüssiger Form als Voraussetzung für erdähnliches Leben auf der Oberfläche vorliegen kann.

Hadley-Zelle. Meridionaler Wärmeaustausch in der Erdatmosphäre, der sich etwa bei 30° Breite ausbildet. Die Luft sinkt ab und strömt bodennah mit den Passatwinden in Richtung Äquator.

Hadley-Zirkulation. Großräumige Vertikalzirkulation mit dem aufsteigenden Ast in den Tropen und dem absteigenden Ast in den Subtropen (bei etwa 30°). In der Höhe wird die erwärmte Luft in Richtung der Pole transportiert; unten, am Boden, erfolgt mit den Passatwinden die Rückführung der Luft in Richtung Äquator.

Hamburger Wettermast. Fortlaufende Registrierung wichtiger meteorologischer Daten, auch der IR- / LW-Strahlung nach unten, die man mit der atmosphärischen Gegenstrahlung verbinden kann.

Hansen, James E. Amerikanischer Klimawissenschaftler, geb. 1941. Langjähriger Direktor des NASA-Goddard-Instituts für Weltraumstudien (GISS). Professor für Erd- und Umweltwissenschaften an der Columbia-Universität. „Vater der globalen Erwärmung".

Henrysches Gesetz. Die Löslichkeit eines Gases ist proportional dem Partialdruck P über der Flüssigkeit – vorausgesetzt das Gas geht keine chemischen Reaktionen mit der Flüssigkeit ein. Das muss beim CO_2 beachtet werden, da ein Teil des Gases sich mit Wasser zu Kohlensäure verbindet. Quantitativ kann das Henrysche Absorptionsgesetz zur Beschreibung der Löslichkeit c in Wasser verwendet werden: $P_i = k_H \cdot c$. Die Löslichkeit sinkt mit zunehmender Temperatur. Temperaturzunahme führt zur Gasfreisetzung. Ein Teil des gelösten Kohlenstoffdioxids geht eine chemische Bindung mit dem Wasser ein, wobei Kohlensäure entsteht. Dabei wird Wärme freigesetzt. Allerdings wird nur die Größenordnung von 1% CO_2 chemisch gebunden. Wenn sich die gebildete Kohlensäure erwärmt, zum Beispiel durch Sonnenstrahlung, verschiebt sich das chemische Gleichgewicht; Kohlenstoffdioxid wird freigesetzt. Die Löslichkeit wird im Temperaturbereich zwischen 0 °C und 25 °C annähernd als linear betrachtet.

Himmel. Das scheinbare Gewölbe, das man von der Oberfläche eines Himmelskörpers in Richtung All erblickt. Vom atmosphärelosen Mond sieht man das Schwarz des Taghimmels (s. Bild S. 26). Von

Blauer Taghimmel am Lake Mapourika, NZ

der Erde sieht man das Blau des Taghimmels, hervorgerufen von der verstärkten Rayleigh-Streuung des blauen Farbanteils der Sonnenstrahlung an Molekülen der Atmosphäre.

Hockeystick-Kurve, Hockeyschläger-Kurve. Beruht auf einer 1999 veröffentlichten wissenschaftlichen Untersuchung von Michael E. Mann und Kollegen. Wurde in den 3. Sachstandsbericht des IPCC aufgenommen. Veranschaulichte den Temperaturverlauf auf der Erde während der vergangenen 1000 Jahre. Der Namen rührt von der Ähnlichkeit mit der Form eines liegenden Hockeyschlägers her. Nach 2003 entwickelte sich eine Kontroverse um die von den Autoren verwendeten statistischen Grundlagen und der daraus zu ziehenden Schlüsse.

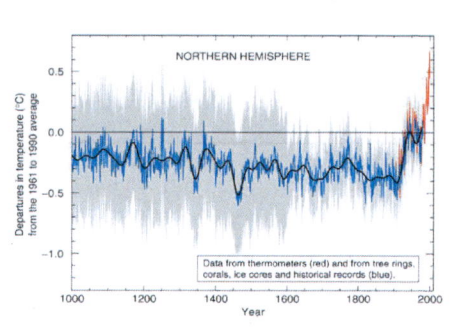

Hockeystick-Kurve zur Wiedergabe des Temperaturanstiegs mit der Industrialisierung seit 1860

Höldersche Ungleichung. Man kann zwar einer mittleren Temperatur $\overline{T}$ mathematisch nach dem ↑Stefan-Boltzmannschen Gesetz eine mittlere Strahlungsintensität $\sigma \overline{T}^4$ zuordnen; man kann jedoch nicht ohne Weiteres von einer beliebigen mittleren Intensität $\overline{T^4}$ eindeutig auf die zugrunde liegende mittlere Temperatur schließen, da nach der Hölderschen Ungleichung mathematisch gilt: $\overline{T} \leq \sqrt[4]{\overline{T^4}}$.

Holozän. Bezeichnet das heutige Erdzeitalter in der Nachfolge des Eiszeitalters (Pleistozän).

Humides Klima. Bezeichnet ein feuchtes Klima, bei dem die jährlichen Niederschläge im Mittel größer sind als die Verdunstung. Die Folge ist eine dauernd hohe Luftfeuchte.

Hydrostatische Grundgleichung. Beschreibt die Änderung von Druck P und Dichte ρ der Atmosphäre mit der Höhe h: $\frac{dP}{dh} = -\rho g$. Der vertikale Druckgradient ist proportional der Luft-

dichte. Die Luftdichte ist eine Funktion der Höhe. Für ideale Gase kann sie mit der allgemeinen ↑Gasgleichung ausgedrückt und es kann damit ein Zusammenhang mit der Temperatur T und dem Druck P hergestellt werden. Nach Trennung der Variablen ergibt sich schließlich eine in einfachen Fällen integrierbare Gleichung:
$$\frac{dP}{P} = -\frac{Mg}{RT}\,dh\,.$$

I

Innere Energie in Luftpaketen. Infolge der geringen Wärmeleitung von Luft erfolgt beim Aufstieg von Luftpaketen kein Wärmeaustausch mit der Umgebung. Die bei der Ausdehnung des Pakets für die Volumenarbeit erforderliche Energie geht zu Lasten der inneren Energie; das Paket kühlt sich ab. Umgekehrte Verhältnisse liegen beim Abstieg abgekühlter Luftpakete vor.

Innertropische Konvergenzzone. Tiefdruckrinne beiderseits des Äquators. Durch das Zusammenströmen der Passatwinde von den beiden Halbkugeln steigt die Luft großräumig auf und, begünstigt durch die hohe über den Ozeanen aufgenommene Feuchte und die herrschenden Temperaturen, bilden sich riesige Gewittertürme aus Cumulus- und Cumulonimbuswolken aus.

Insolation. Absorption von Sonnenstrahlung (direkt und diffus) an der Erdoberfläche und in der Atmosphäre.

Intensive Größe in der Thermodynamik. Hängt nicht von Masse oder Menge ab. Zum Beispiel: Temperatur, Druck. Gegensatz:↑extensive Größe.

Inversion. In der Meteorologie eine Wetterlage, die durch eine obere warme und eine untere kalte Luftschicht charakterisiert ist.

IPCC. Intergovernmental Panel on Climate Change. Weltklimarat der Vereinten Nationen; Regierungen entsenden ihre Vertreter in dieses Gremium. Friedens-Nobelpreis 2007, gemeinsam mit dem Ex-US-Vizepräsidenten Al Gore.

IR, Infrarot(strahlung). Strahlung, die sich im elektromagnetischen Strahlungsspektrum am oberen Ende den Wellenlängen des sichtbaren Lichts anschließt.

IR-aktive Gase. Spurengase in der Atmosphäre von Planeten, die für Absorption und (Re-)Emission von Wärmestrahlung geeignet sind. In der Regel behindern sie die solare Wärmestrahlung nur wenig, absorbieren jedoch die terrestrische Wärmestrahlung.
IR-aktive Spurengase sind vor allem: Wasserdampf, Kohlenstoffdioxid, troposphärisches Ozon, Distickstoffoxid, Methan, Fluorkohlenwasserstoffe, Schwefelhexafluorid.

IR-Strahlungsfenster in der Erdatmosphäre. Das Bild zeigt die relative Undurchlässigkeit der Erdatmosphäre für elektromagnetische Strahlung und weist im klimatologisch interessanten Wellenlängenbereich zwei markante Strahlungsfenster aus: (1) im Bereich des sichtbaren Lichts (um 0,5 µm, mit Regenbogenfarben gekennzeichnet), das auch noch weit ins nahe Infrarot hineinreicht, und (2) im Bereich der irdischen Infrarotstrahlung (von etwa 8 bis13 µm). Sie liegen damit an den Maxima der betroffenen Planckstrahlungen: Sonne bei 0,5 µm (5800 K); Erde bei 11,4 µm (255 K) bzw. 10 µm (289 K). ↑Wiensches Verschiebungsgesetz.
Im IR-Strahlungsfenster ist die Erdatmosphäre fast vollständig durchlässig für die thermische Bodenstrahlung. Außer für Ozon gibt es praktisch keine wichtigen Absorber, die Bodenwärmestrahlung aufzunehmen vermögen. Die Strahlung kann folglich weitgehend ungehindert ins All entweichen. Da es keine Absorber gibt, gibt es auch keine Emitter, die zum Beispiel auch in umgekehrte Richtung, also aus der Atmosphäre zum Erdboden, strahlen könnten. Die

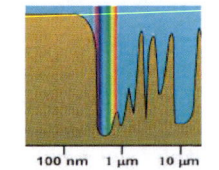

Strahlungsfenster

einzige Ausnahme: Das gilt nur für global klaren Himmel. Sobald Wolken aufziehen, verschließen sie das IR-Strahlungsfenster teilweise oder ganz. Die von ihnen absorbierte Wärme steigt innerhalb der Wolken materie-gebunden nach oben und wird dann, je nach Temperatur, allseitig in die Atmosphäre abgestrahlt. Dieser Teil des ursprünglich vertikalen Strahlungsstroms ins All verbleibt damit erst einmal in der Atmosphäre und wird schließlich zum Bestandteil der effektiven Wärmeabstrahlung des Erdklimasystems ins All, die von den IR-aktiven Gebilden in der Atmosphäre bewerkstelligt wird.

Isentropisch. Bezieht sich auf Linien gleicher Entropie in der Atmosphäre (adiabatisch); es wird auf einem Weg längs solcher Linien keine Wärme mit der Umgebung ausgetauscht.

Isobar. Linien gleichen Luftdrucks in der Atmosphäre.

Isotherm. Isotherm ist eine Atmosphäre, wenn überall eine gleiche Temperatur angenommen wird, insbesondere mit der Höhe.

J

Jetstream. Hat als starke Höhenströmung vom Äquator zu den beiden Polen auch eine klimatische Bedeutung. Fortwährende Luftverfrachtung von der Höhenregion über dem Äquator zu den Polarregionen. Die Luftdruck- bzw. Temperaturunterschiede zwischen dem Äquator und den Polen sind thermisch bedingt (resultieren aus der Breitenabhängigkeit der Sonneneinstrahlung).

K

Kaltzeit im Pleistozän. Während des Eiszeitalters wechselt sich eine Warmzeit in relativ regelmäßigen Abständen mit einer Kaltzeit ab. Dasselbe geschieht auch für die umgekehrte Richtung.

Keeling, Charles David. Amerikanischer Klimatologe (1928-2005). Keeling-Kurve, gemessen in Mauna Loa (Hawaii); der CO_2-Anstieg korrespondierte seit 1958 gut mit den anthropogenen CO_2-Emissionen aus der zunehmenden Verbrennung fossiler Brennstoffe.

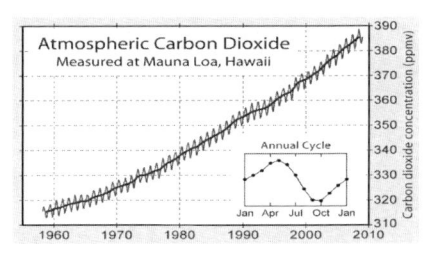

Atmosphärischer CO_2-Gehalt (kleines Bild: Jahreszyklus)

Kipp-Punkt des Klimas. Auf Grund der Langzeitwirkung von Klimagrößen muss befürchtet werden, dass relativ kleine fortwährende Veränderungen nicht erkannt oder als vernachlässigbar eingeschätzt werden und dass dann plötzlich einmal eine kleine Veränderung zu einer unerwarteten großen Wirkung führt, von der es keine Umkehr mehr gibt.

Kirchhoff, Gustav Robert. Deutscher Physiker (1824-1887). Hier vor allem: das Strahlungsgesetz.

Kirchhoffsches Gesetz. Das Kirchhoffsche Strahlungsgesetz beschreibt den Zusammenhang zwischen Absorption und Emission eines realen Körpers im thermischen Gleichgewicht. Strahlungsabsorption und -emission entsprechen einander: Eine schwarze Fläche heizt sich im Sonnenlicht leichter auf als eine weiße. Ein Körper, der gut absorbiert, strahlt demzufolge auch gut.

Kleine Eiszeit. Kälteperiode zwischen Mittelalterlicher Warmzeit und Moderner Warmzeit. Höhepunkt etwa 1650 bis 1725; Maunder-Minimum der Sonnenfleckentätigkeit.

KLIMA. Betrifft eine Gesamtheit von Prozessen in der Atmosphäre, der Hydrosphäre und den festen Landoberflächen von Planeten, die sich physikalisch mit meteorologischen Parametern über eine Langzeitspanne – in der Regel länger als 30 Jahre – beschreiben lassen. Solche meteorologischen Parameter sind zum Beispiel Temperatur, Luftdruck, Feuchte, Niederschlag, Windstärke, Wärmekapazität usw. Die Langzeitbetrachtung impliziert, dass man es in der Regel nicht mit Einzelwerten, sondern mit Mittelwerten zu tun hat. Die Mittelwertbildung kann auch globale Ausmaße annehmen, die für den ganzen Planeten klimarelevant sind. Kurz gefasst sollte man bei Klima an folgende Stichpunkte denken: *Langzeitwirkung*; *Temperatur* (der globalen Erdoberfläche); *Wassergehalt* (der Atmosphäre). Dazu die Assoziationen bezüglich der Atmosphäre: *feucht mit warm*; *trocken mit kalt*. Wegen der erheblichen Bedeutung, die der Klimabegriff in diesem Buch hat und wegen der recht großen Unterschiedlichkeit in der Herangehensweise einzelner Autoren an diese Größe, sei die IPCC-Formulierung direkt angeführt: Klima im engeren Sinn ist normalerweise definiert als „mittleres Wetter" oder noch rigoroser, als statistische Beschreibung in Form von Mittelwerten und Schwankungen relevanter Größen über eine Zeitspanne von Monaten bis zu Tausenden oder sogar Millionen von Jahren. Die klassische Periode beträgt nach der WMO (World Meteorological Organization) 30 Jahre. Die entsprechenden Größen sind meistens Oberflächen-Veränderliche wie Temperatur, Niederschlag und Wind. Klima in einem weiteren Sinn ist der Zustand des Klimasystems, einschließlich seiner statistischen Beschreibung.

Klimaalarmist. Medialer Jargon für jemand, der kritiklos die anthropogene globale Erwärmung durch Kohlenstoffdioxid vertritt und dabei zur Übertreibung neigt („Klimakatastrophe").

Klimaantrieb Sonne. Es ist unstrittig, dass die Sonne wesentlich das Klima auf der Erde bestimmt, sowohl durch ihre Strahlung als auch durch ihre sonstige Aktivität, zu der der Sonnenwind und die Sonnenflecken gehören. Aber ist die Sonne einziger Klimaantrieb für die Erde oder kommt auch noch ein wesentlicher Klimaeinfluss aus den Tiefen der Galaxis hinzu? Und fraglich ist auch, ob die irdische Physik – der Atmosphäre, der Hydrosphäre und der festen Kontinente – noch wesentlich zu den Klimavorgängen beitragen kann, vor allem durch die Phasenänderungen, denen das Wasser auf der Erde unterliegt.

Klimabedingung. Im Zusammenhang mit dem Wassergehalt der Atmosphäre lässt sich eine Klimabedingung formulieren: Mit steigendem charakteristischem Wassergehalt vergrößert sich die Differenz zwischen dem ↑trockenen und dem ↑feuchten Temperaturgradienten. Mit steigendem charakteristischem Wassergehalt der Atmosphäre wächst die Differenz zwischen der feuchten und der trockenen effektiven ↑Abstrahlungshöhe an.

Klimaelemente. Das heutige irdische Klimasystem lässt sich pragmatisch auf die Elemente feste Erdkruste (Lithosphäre), Wasser (Hydrosphäre), Luft (Atmosphäre) und Energie (heute: die Sonnenstrahlung) zurückführen. In der Frühgeschichte der Erde spielte wohl auch die Energie aus der Erdtiefe eine gewichtige

Rolle bei der Entstehung des Lebens. Die Atmosphäre war in der Frühgeschichte eine völlig andere als heute; die heutige Atmosphäre mit ihrem Anteil an Sauerstoff von etwa 21% ist offenkundig ein Produkt des Lebens. Neben der Sonne spielt heute klimatisch keine andere Energie eine bestimmende Rolle.

Relativ problemlos lassen sich die Klimaelemente mit den ↑Elementen der alt-griechischen Philosophie in Verbindung bringen: Erde, Wasser, Luft, Feuer.

Klimaerwärmung, anthropogene. Zentrale These des ↑IPCC, wonach das durch die menschliche Wirtschaftstätigkeit seit der Industrialisierung fortwährend in die Atmosphäre eingetragene Kohlenstoffdioxid dort ständig in der Konzentration zunimmt, damit die Absorption von Bodenwärmestrahlung (↑Bodenwärmestrom, radiativer) in der Atmosphäre ebenfalls zunimmt und so zu einer zusätzlichen Erwärmung des Klimasystems führt – zusätzlich zur „natürlichen" Klimaerwärmung. Es spricht jedoch manches dafür, dass heute nicht CO_2, sondern Wasserdampf mit einer anthropogenen Klimaerwärmung in Zusammenhang stünde.

Klimaforcing, Strahlungsforcing, Klimaantrieb, Strahlungsantrieb. Bezeichnet den Einfluss auf das Klimasystem, der zu einer Klimaänderung beitragen kann; meistens werden darunter externe Antriebe verstanden, so dass es sich also *nicht* um eine Auswirkung von natürlichen Klimaschwankungen handelt. Zu ihnen gehören zum Beispiel die Emission von Treibhausgasen, Vulkanausbrüche oder Landnutzungsänderungen, die nicht durch interne Wechselwirkungen innerhalb oder zwischen den Elementen des Klimasystems ausgelöst werden. Sie verursachen meistens eine Veränderung der Strahlungsbilanz, weshalb ihr Einfluss als *Strahlungsantrieb* angegeben wird. Jedoch sind auch andere Einflüsse möglich (mit der Folge eines geänderten Wasserkreislaufs oder Zirkulationsänderungen). Das Klimaforcing bezieht sich in der Regel auf die Netto-Strahlungsflussdichte an der Tropopause, die durch eine veränderte Konzentration von Treibhausgasen zustande kommt.

Klimakiller, Klimagift. Medialer Jargon für das IR-aktive Gas CO_2 in Verbindung mit dessen Freisetzung durch die Wirtschaft.

Klimakonstante. Ausdruck für eine klimatologisch relevante Größe, die sich im Mittel über eine sehr lange Zeitspanne hinweg nicht ändert.

Klimaoptimum. Insbesondere mittelalterliches Klimaoptimum. ↑Mittelalterliche Warmzeit.

Klimapessimum. Zur Zeit der Völkerwanderung (um ca. 400). Relativ kalte Zeitspanne, die zwischen der Römischen Warmzeit (um das Jahr 0 herum) und der ↑Mittelalterlichen Warmzeit liegt.

Klimaphysik. Physikalische Gesetzmäßigkeiten, die klimatologisch bedeutsam sind. In der Regel handelt es sich um Beziehungen an Modellen, die mit Mittelwerten physikalischer Größen beschrieben werden (Temperaturen, Drücke, Flüsse usw.). Dabei muss in jedem Fall geprüft werden, ob die auf Mittelwerten beruhenden Ergebnisse eine physikalische Aussagekraft besitzen.

Klimaprojektion. Blick in die klimatische Zukunft auf der Grundlage der Erfahrungen / Untersuchungen der klimatischen Vergangenheit. Als Beispiel sei eine Klimaprojektion des Max-Planck-Instituts für Meteorologie aus dem Jahre 2006 angeführt: Seit Mitte des 19. Jahrhunderts ist die Erdoberfläche um fast ein Grad wärmer geworden, vorwiegend infolge menschlicher Aktivitäten. Neueste Klimasimulationen mit Modellen des Instituts zeigen, dass sich die globale Mitteltemperatur bis Ende des 21. Jahrhunderts um weitere 2,5 bis 4°C erhöhen könnte, wenn die Emissionen von CO_2 und anderen Treibhausgasen unvermindert ansteigen.

Klimarückkopplungen. Beschreibt Prozesse im Klimasystem, in deren Folge sich eine Klimawirkung verstärken (oder auch abschwächen) kann. In der Regel werden sie als Veränderungen der ↑Klimasensitivität und damit als solche der ↑Globaltemperatur ausgedrückt. Solche Rückkopplungen sind über Wolken, Wasserdampf, Temperatursenkungsrate, Albedo oder über die Veränderung der Konzentration von IR-aktiven Gasen möglich.

Klimaschaukel. Gegenläufige periodische Temperaturschwankungen zwischen Arktis / Grönland und Antarktis.

Klimaschutz. Medialer Jargon für alle (im Allgemeinen gut gemeinten) Bemühungen, das gegenwärtige Erdklima aufrechtzuerhalten. Im Grunde genommen aber nicht mehr als eine leere Worthülse, da sich die Konstanz von Mittelwerten durch eine beliebige, durchaus auch tödliche Kombination von Einzelwerten generieren lässt.

Klimasensitivität. Bei IR-aktiven Gasmolekülen kann das Zusammenspiel von ↑Strahlungsantrieb (Radiative Forcing, RF) und Klimasensitivität (λ) nach einfachen Modellannahmen wie folgt beschrieben werden: $\Delta T_S = RF \cdot \lambda$.

Die Änderung der Oberflächentemperatur ΔT_S ist annähernd das Produkt des Strahlungsantriebs RF und des Vorhandensein eines ↑IR-aktiven Gases, ausgedrückt durch die Klimasensitivität λ. Für CO_2 wurde seitens IPCC eine Klimasensitivität von etwa

$$\lambda = \frac{1{,}1\,\text{K}}{3{,}7\,\text{Wm}^{-2}} = 0{,}3\,\frac{\text{K}}{\text{Wm}^{-2}}$$ angegeben. Bei einer Verdoppelung

der CO_2-Konzentration soll also danach ein ↑Strahlungsantrieb von 3,7 W m^{-2} auftreten, was eine Änderung der globalen Oberflächentemperatur von 1,1K bedeutet – ohne jede weitere Berücksichtigung von Rückkopplungs- bzw. Verstärkungseffekten. Stattdessen wurde hier, s. ↑Bodenwärmestrom, dargestellt, dass der CO_2-Strahlungsantrieb RF null sein müsste. Damit könnte auch keine positive Änderung der Oberflächentemperatur eintreten, trotz nachweislich vorhandener CO_2-Klimasensitivität λ.

Klimaskeptiker, Klimaleugner. Medialer Jargon für Menschen, die nicht mit der allgemein vertretenen Hypothese von der globalen Erwärmung durch anthropogenes Kohlenstoffdioxid übereinstimmen. Dabei ist die Wortverbindung von Klima mit Skeptiker oder Leugner eigentlich eine inhaltsleere Bezeichnung, denn Klima ist eine Realität, die man nicht einfach wegleugnen kann.

Klimasystem. Gesamtheit aller relevanten klimatischen Parameter und Elemente in räumlicher und / oder zeitlicher Ausdehnung.

Klimatische Naturbedingungen eines Planeten. Vielfältige astronomische und physikalische Gegebenheiten, wie zum Beispiel mittlere Entfernung zum Zentralgestirn, Exzentrizität der Umlaufbahn, Eigenrotation, Gravitation, Atmosphäre mit ihrem Druck an der Oberfläche, Zusammensetzung der Atmosphäre, Größe und Beschaffenheit eines IR-Strahlungsfensters, universelles Wärmespeichermedium mit Phasenänderungen usw.

Klimatologie. „Langzeit"-Wettergeschehen. Sie ist bestrebt, Langzeit-Trends aufzuspüren und herauszufinden, welche substantiellen, langzeitigen Veränderungen sich in der Vergangenheit in einem ↑Klimasystem vollzogen haben oder sich in Zukunft vollziehen werden, insbesondere auch, ob dabei Grenzen erreicht werden, an die sich die menschliche Gesellschaft oder auch das gesamte Leben auf der Erde voraussichtlich nicht mehr anzupassen in der Lage sein werden. Die Klimatologie stützt sich dabei auf einen ähnlichen Satz von Parametern wie die Meteorologie, mit Schwerpunkt auf der Temperatur, allerdings in der Regel als räumliche oder zeitliche Mittelwerte, deren physikalische Realität jeweils sorgfältig geprüft werden muss.

Klimatologische Proportionenkette. Proportionalitäten in der Klimatologie wie zum Beispiel: Je höher die Insolation ist, desto höher ist die mittlere Globaltemperatur; desto höher ist die Verdunstungsrate und damit die Feuchte in der Atmosphäre; desto höher ist der jeweilige Sättigungsdampfdruck; desto höher ist die Kondensationsrate in der Atmosphäre und damit die Wolkenbildung; desto kleiner ist der feucht-adiabatische Temperaturgradient; desto höher ist die effektive Abstrahlungslage ins All.

Klimavariabilität. Das Klima auf der Erde unterliegt seit jeher fortwährenden Schwankungen. Es besteht die Gefahr, dass die Schwankungen durch anthropogene Einflüsse, insbesondere mit ansteigender Globaltemperatur, zunehmen könnten. Eine solche Schlussfolgerung muss immer wieder aufs Neue geprüft werden.

Klimazone. Auf der kugelförmigen Erde lassen sich zwischen dem Äquator und den Polen verschiedene Ringbereiche identifizieren, die auf Grund der unterschiedlichen Breitengrade unterschiedliche Klimazonen darstellen, wie zum Beispiel äquatoriale, subtropische, gemäßigte, subpolare und polare Klimazone.

Klimazustand. Für ein bestimmtes Klimasystem und für ein bestimmtes Zeitintervall beschriebene Gesamtheit von charakteristischen Klimaparametern, die, unter Beachtung der natürlichen ↑Klimavariabilität, annähernd unverändert bleiben. Ein solcher Klimazustand lässt sich nur ungefähr definieren, und er kann ganz unterschiedliche Zeitspannen umfassen, die etwa von Jahrzehnten bis Jahrtausenden reichen.

Kohlenstoffdioxid, CO_2. IR-aktives Atmosphärengas. Obwohl das CO_2-Molekül kein permanentes Dipolmoment (im Unterschied zum Wassermolekül) aufweist, entsteht in einem geeigneten elektromagnetischen Strahlungsfeld eine zeitweilige elektrische Polarisierung, womit Strahlung absorbiert werden kann. CO_2 ist aus klimatologischer Sicht ein interessantes Gas, weil es – bedingt insbesondere auch durch menschliche Aktivitäten – in der Atmosphäre angereichert werden kann.

Kohlenstoffzyklus, globaler Kohlenstoffkreislauf. Bezeichnet die chemischen Umwandlungen, denen Kohlenstoffverbindungen in ihrer Wanderung durch Atmosphäre, Hydrosphäre und Lithosphäre unter Einschluss der Biosphäre unterliegen.

Kondensationshöhe, -niveau. Bewegt sich ein mit Feuchte beladenes Luftpaket vom Boden in der Troposphäre aufwärts, kühlt es sich anfangs trocken-adiabatisch ab. Da jedoch die Aufnahmefähigkeit der Luft für Wasser mit fallender Temperatur abnimmt, wird in einer bestimmten Höhe der Sättigungspunkt erreicht (Kondensationsniveau). Von da an steigt es feucht-adiabatisch weiter auf. Die Wolkenuntergrenze zeigt in etwa die Höhe der Kondensation an (Unterseite der ↑Cumulus-Wolken).

Kondensationskerne in der Atmosphäre. Sie sind erforderlich für eine spontan erfolgende Kondensation. Dies kann eine leichte Verschmutzung wie ein Staub-, Salz- oder Rußpartikel sein. Einige Aerosole fungieren in der Erdatmosphäre als Kondensationskerne. Ihr Vorhandensein ist zum Beispiel eine Voraussetzung für die Wolkenbildung.

Kondensationswärme in der Atmosphäre. Bei der Umwandlung von Wasserdampf in die flüssige Phase freiwerdende Wärme. Sie ist gleich der Wärme, die vorher für die Verdampfung aufgewendet werden musste.

Kontinentales Klima. Bezeichnet ein Klima auf der Landmasse der Erdoberfläche, die weit entfernt von den Ozeanen ist. Die Temperaturgegensätze sind größer als in der Nähe der Meere.

Konvektion. Eine Art des materie-gebundenen Wärmetransports in flüssiger oder gasförmiger Materie. Sie benötigt einen beweglichen materiellen Träger – im Unterschied zur Wärmeleitung. Nicht materie-gebunden ist der Wärmetransport durch Strahlung.

Kosmische Strahlung in der Klimatologie. Auf den Zusammenhang zwischen galaktischer kosmischer Strahlung und der irdischen Wolkenbildung im Takt der Sonnenaktivität haben die dänischen Klimaforscher ↑Svensmark und Friis-Christensen hingewiesen. Die kosmische Strahlung kann die Bildung von Aerosolen, die zu Kondensationskernen anwachsen und damit die Wolkenbildung auf der Erde beeinflussen, bewirken. Die schwankende magnetische Aktivität der Sonne vermag die Wirksamkeit der kosmischen Strahlung zur Wolkenbildung auf der Erde zu beeinflussen. Mit dem Mehr oder Weniger an Wolken, insbesondere den tiefliegenden Wolken, wird wiederum die Wirksamkeit der Sonnenstrahlung und der mit ihr verbundenen Strahlungsabsorption am Boden und in der Atmosphäre beeinflusst. Damit könnte ein Teil der auf der Erde beobachteten ↑Klimaerwärmung auf kosmische Einflüsse zurückgeführt werden. Dabei würde gelten: *Niedrigere* magnetische Sonnenaktivität (*weniger* Sonnenflecken) führt zu verringertem Sonnenwind, gleichbedeutend mit schlechterer Abschirmung der kosmischen Strahlung (und damit verringerter Anzahl der Bildung davon induzierter Kondensationskerne), damit zu vermehrter Bildung dieser Wolken, damit zu verstärkter Reflexion des Sonnenlichts und folglich zu verringerter Aufwärmung der Erde; es wird tendenziell kälter. Und umgekehrt bei *höherer* magnetischer Sonnenaktivität (*mehr* Sonnenflecken); es wird tendenziell wärmer. ↑CLOUD.

L

Lambert-Beersches Gesetz. August Beer erweiterte das Gesetz von Bouguer-Lambert über die Schwächung der Strahlungsintensität beim Durchgang durch eine Substanz um die Konzentrationsabhängigkeit der Strahlungsschwächung.

Latente Wärme. Beim Übergang von einem Aggregatzustand in einen anderen aufgenommene oder abgegebene Wärme, ohne dass sich die Temperatur des Körpers ändert. Gegensatz: fühlbare Wärme.

Leistungsdichte von elektromagnetischen Strahlungen. Bei Transport- und Flussvorgängen werden in der Regel flächenbezogene Leistungsgrößen mit der Einheit W m^{-2} verwendet, wie zum Beispiel die Intensität. Kann die Strahlungsquelle als Punktquelle aufgefasst werden, wie zum Beispiel die Sonne in Bezug auf die Erdbahn, wird ein „Geometrie"-Faktor wirksam: Die Flächenleistung nimmt mit dem Quadrat der Entfernung ab.

LEISTUNGSBILANZ DES ERDKLIMASYSTEMS. Im Gebrauch sind mehrere unterschiedliche Leistungsbilanzen. Da sie immer wieder an die beobachtete Realität angepasst werden, befinden sie sich mehr oder weniger in häufiger Veränderung. Um über einheitliche, vergleichbare und in sich konsistente Zahlenangaben zu verfügen, wird hier die von IPCC-Autor Trenberth und Kollegen 2009 veröffentlichte neue Leistungsbilanz zur Grundlage genommen, s. Bild Seite 41. Einer plausiblen mittleren Globaltemperatur an der Erdoberfläche von 289 K lässt sich eine Wärmestrahlung, bei idealisierter ↑Emissivität von eins, von annähernd 396 W m^{-2} zuordnen. Einer plausiblen effektiven Temperatur der Atmosphäre von 255 K lässt sich eine Wärmeabstrahlung des Erdklimasystems ins All, bei ebenfalls angenommener idealisierter Emissivität von eins, von 240 W m^{-2} zuordnen. Das entspricht im Gleichgewichtsfall der solaren Zustrahlung von 240 W m^{-2} ins Erdklimasystem, unter Beachtung der geometrischen Verhältnisse an der rotierenden Erdkugel und der globalen Albedo. Die im Bild enthaltene Nettoabsorption von 0,9 W m^{-2} wurde zur Vereinfachung ignoriert.

Nachfolgende Bilanzbeziehungen ergeben sich näherungsweise im Mittel (zum Teil leicht korrigiert) aus dem Bild:

- *Zustrahlung zur Erdoberfläche*: durch die Sonne 161 W m^{-2};

Klima von A bis Z

aus unterer Atmosphäre 333 W m^{-2}; gesamt 494 W m^{-2};

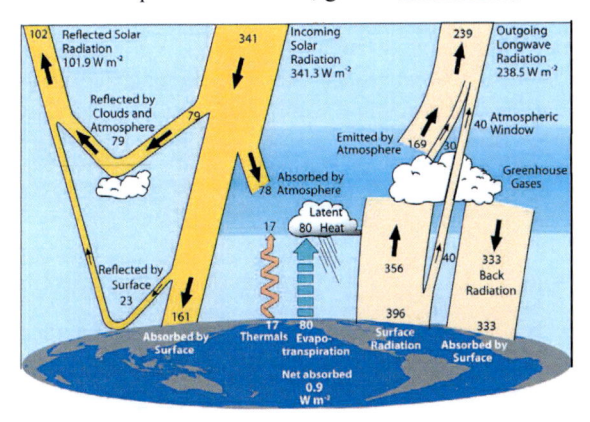

Globale Energie- (Leistungs-)Flüsse auf der Erde (in W m^{-2})

- mittlere *Wärmeabfuhr von Erdoberfläche*: 63 W m^{-2} radiativ im IR- Strahlungsfenster; radiativ in die Atmosphäre 333 W m^{-2}; materie-gebunden in die Atmosphäre 98 W m^{-2}; gesamt 494 W m^{-2};

- mittlere *Wärmeabstrahlung aus der Atmosphäre*: in Richtung All 200 W m^{-2} (in Grafik: 169 + 30); in Richtung Boden 333 W m^{-2}; gesamt 533 W m^{-2};

- mittlere *Wärmezufuhr zur Atmosphäre*: radiativ von der Sonne 79 W m^{-2}; radiativ vom Boden 333 W m^{-2} (außerhalb des IR-Strahlungsfensters); radiativ via Wolken (innerhalb des IR-Strahlungsfensters) 23 W m^{-2}; materie-gebunden vom Boden 98 W m^{-2}; gesamt 533 W m^{-2}.

Die Erdatmosphäre ist dadurch gekennzeichnet, dass ihre Gegenstrahlung im Mittel empirisch gleich ist der Bruttowärmestrahlung des Bodens minus der Nettoabstrahlung des Systems bei global klarem Himmel: 333 W m^{-2} = 396 W m^{-2} − (40 + 23) W m^{-2}. Ihr kann man am Boden eine (bei gleichbleibendem Temperaturgradienten konstante) optische Tiefe zuordnen; sie beträgt etwa

$\tau_S = -\ln\dfrac{63}{396} \approx 1{,}8$ (d. h. Strahlungs-Durchlassfähigkeit: 16%).

Leroux, Marcel. Französischer Meteorologe und Klimatologe (1938-2008). Wichtige Arbeiten zur allgemeinen Zirkulation („Mobile Polar High"), zur großräumigen Vereisung und Enteisung der Erde und zur Kritik an der anthropogenen globalen Erwärmung im Zusammenhang mit der Freisetzung von Treibhausgasen.

LTE. Lokales thermodynamisches Gleichgewicht. Angenähert wird jedem abgegrenzten, kleinen Volumenelement (Paket, Schicht) – mit genügend großem Abstand zu den Rändern – eine bestimmte Temperatur und ein bestimmter Druck zugeordnet.

LUFT, KLIMATOLOGISCH. Wichtiges Klimaelement. Auch Bestandteil der alt-griechischen ↑Elemente. Als kompressibles Fluid unterliegt die Luft der Gravitation des Erdkörpers. Daraus ergeben sich eine Druck- und eine damit verbundene Dichteschichtung der Atmosphäre, die bis an den äußersten Rand der Atmosphäre anhält. Luft ist ein gut durchmischtes *Gasgemisch*, bestehend aus 78% N_2, 21% O_2 und 1% Ar. Hinzu kommt eine Reihe von Spurengasen, die vor allem ihrer IR-Aktivität wegen klimatologisch von Interesse sind (vor allem Wasserdampf und Kohlenstoffdioxid).

Besonders interessant ist die geringe *Wärmeleitfähigkeit* der Luft (die den Energietransport beschreibt) von 0,025 W m^{-1} K^{-1}. Damit sind in Luft adiabatische Transferprozesse (ohne Wärmeaustausch mit der Umgebung) möglich. Die *Temperaturleitfähigkeit* (die die Temperaturausbreitung im Material beschreibt) ist mit $20 \cdot 10^{-6}$ m^2 s^{-1} in der gleichen Größenordnung wie bei einigen Metallen (Beispiele: Fe, Pb, Cr, Bronze). Temperaturänderungen breiten sich daher in Luft relativ schnell aus.

Entscheidende Eigenschaften der Lufthülle sind die sich bei solarer Erwärmung des Bodens und der Atmosphäre einstellende *Temperaturschichtung* in der Troposphäre, unmittelbar verbunden mit dem Wassergehalt, und die Veränderung der Höhenlage der Wärmeabstrahlung des Klimasystems ins All. Die solare Erwärmung führt zum allgemeinen Aufstieg von Luftpaketen über dem erwärmten Boden und in der Atmosphäre, der sich – infolge der geringen Wärmeleitung von Luft – im Wesentlichen ohne Wärmeaustausch mit der Umgebung vollzieht. Der sich bei trockener

Luft einstellende vertikale Temperaturgradient beträgt 9,8 K km^{-1}. Die erwärmte Luft dehnt sich aus und verrichtet dabei Volumenarbeit gegen die umgebende Luft. Bei konstantem Druck äußert sich die Volumenarbeit im Anwachsen des Volumens, was unmittelbar zu einem Auftrieb des Luftpakets führt. Die verrichtete Volumenarbeit geht zu Lasten der inneren Energie des Luftpakets, das sich dabei abkühlt. Wenn es im Mittel keine Temperaturdifferenz zwischen Luftpaket und Umgebung mehr gibt, kommt der Aufstieg zum Stillstand. Energie wird durch Strahlung ins All abgegeben, wenn die sich verringernde Atmosphärendichte die entsprechende ↑optische Tiefe τ_A zur Abstrahlung ins All aufweist. Die (theoretische) minimale Starthöhe der Abstrahlung liegt für trockene Luft bei etwa 3,45 km. Durch Abstrahlung kühlt sich das Luftpaket ab und es erfolgt in umgekehrter Folge ein adiabatischer Abstieg des Luftpakets in der Atmosphäre. Materiell wird das Luftpaket wieder der Erdoberfläche zugeführt und kann sich dort erneut aufwärmen.

Luftdichte, Atmosphärendichte. Unter dem Einfluss der Gravitation und der Kompressibilität des Gasgemischs Luft nimmt die Vertikaldichte der Luft, beginnend bei der Erdoberfläche, nach oben immer mehr ab. An der Erdoberfläche beträgt sie im Normzustand 1,29 kg m^{-3}, in Höhe der Tropopause liegt sie in der Größe um 0,3 kg m^{-3}.

Luftdruck, Atmosphärendruck. Unter dem Einfluss der Gravitation und der Kompressibilität des Gasgemischs Luft nimmt der Vertikaldruck der Luft über der Erdoberfläche immer mehr ab. Unter Normbedingungen beträgt er an der Erdoberfläche 1013 hPa, in Höhe der Tropopause etwa 220 hPa. Der Druck entsteht durch die Gewichtskraft der Luftsäule, die darüber lastet.

Luftfeuchte, absolute. Verhältnis der Masse des momentanen Wassergehalts zum Volumen der Luft: $a = \dfrac{m_{WD}}{V}$.

Luftfeuchte, relative. Verhältnis des momentanen Wasserdampfgehalts a zum maximal möglichen $a_{Sätt}$ bei derselben Temperatur und demselben Druck:

$$r = \frac{a}{a_{Sätt}}.$$

Luftfeuchte, spezifische. Verhältnis des momentanen Wasserdampfgehalts in einer bestimmten Masse feuchter Luft; sie ist abhängig von Temperatur und Druck:

$$s = \frac{m_{WD}}{m_{fL}} = \frac{m_{WD}}{m_{tL} + m_{WD}}.$$

Luftpaket. Bezeichnet als Modellbegriff ein bestimmtes abgegrenztes Luftvolumen, das groß genug ist, um über Zustandsgrößen wie Temperatur, Druck, Dichte und Luftfeuchtigkeit beschrieben werden zu können, jedoch auch klein genug, um in der mathematischen Behandlung als infinitesimal zu gelten.

M

Maritimes Klima. Bezeichnet ein Klima in Nähe der Weltmeere, die mit ihrer Wärmespeicherkapazität die Temperaturextreme glätten können, da das Wasser der Ozeane als Temperaturpuffer arbeitet. Durch die hohe Wärmespeicherkapazität des Wassers im Vergleich zur Festlandsoberfläche wird das Land in der Nähe der Küste im Sommer vom Meer gekühlt, dafür im Winter von ihm erwärmt. Weiterhin wirkt der sehr hohe Wasserdampfgehalt in der Luft auf das Klima, weil er nur eine geringere Sonneneinstrahlung und terrestrische Wärmeausstrahlung zulässt.

Mars, klimatologisch. Als Nachbarplanet der Erde, der damit noch in Nähe der ↑habitablen Zone um die Sonne liegt und auch ansonsten eine Reihe Gemeinsamkeiten mit der Erde aufweist, spielt er eine wichtige Rolle im unmittelbaren Klimavergleich der Planeten. Seine Gravitation ist so gering, dass er keine genügend dichte Atmosphäre auf Dauer tragen kann. Bei den heutigen mittleren Verhältnissen von Druck (6...7 hPa) und Temperatur (210 K) kann es kein flüssiges Wasser an der Oberfläche geben. Vorhandenes Wassereis schmilzt nicht, es sublimiert. Der Mars besitzt an der Oberfläche sowohl Wasser- als auch Trockeneis, so dass durch Insolation eine Wassereis-Sublimation bzw. Freiset-

zung von CO_2 vor sich gehen kann und ebenso eine Rück-Phasenumwandlung möglich ist. Die durchschnittliche Molmasse der Atmosphäre wird beim Mars von Kohlenstoffdioxid dominiert. Bei der beobachtbaren Temperatursenkungsrate (etwa 2,5 K km^{-1}) handelt es sich um eine mittlere pseudo-adiabatische Rate (vergleichbar mit der mittleren feucht-adiabatischen Rate auf der Erde, wenn auch der zusätzliche Wärmeeintrag nicht Wasser zugeschrieben werden kann, sondern vermutlich Staub).
Wegen der dünnen Atmosphäre kann praktisch kein atmosphärischer Temperatureffekt ausgewiesen werden. Die Abstrahlung ins All erfolgt damit in unmittelbarer Nähe der Marsoberfläche.

Maunder-Minimum. Höhepunkt der ↑„Kleinen Eiszeit" (ca. von 1645 bis 1725). Die ↑magnetische Aktivität der Sonne war sehr gering; Sonnenflecken waren nur relativ selten zu beobachten.

Meereserwärmung. Die mittlere Temperaturveränderung der Weltmeere wäre ein wichtiger Anhaltspunkt für langfristige Klimaänderungen. Messbar zum Beispiel am Planktongehalt, an den Korallen oder Veränderungen an Meeresströmungen wie dem Golfstrom. Sie bedarf, ebenso wie die Messung der bodennahen Lufttemperaturen, einer fortwährenden Kontrolle.

Meereshöhe, -niveau, -spiegel. Klimatologisch ist vor allem die mittlere Meereshöhe von Bedeutung. Es gibt eine Reihe wissenschaftlicher Arbeiten, die eine Zunahme dieser Meereshöhe beinhalten, allerdings treten auch Wissenschaftler auf, die in diesem Zusammenhang vor Panik warnen. In jedem Fall gilt, dass der Meeresspiegel insbesondere in den wechselnden Warm- und Kaltzeiten des Pleistozäns in einem für heutige Verhältnisse geradezu drastischen Ausmaß natürlich geschwankt hat (jeweils mehr als 100 m nach unten bzw. wieder nach oben). Der mittlere Meeresspiegel entspricht weitgehend dem Geoid; die Abweichungen vom Geoid werden vor allem von Meeresströmungen bewirkt und können einige Dezimeter erreichen.

Methan, CH_4. IR-aktives Atmosphärengas. Neben Wasserdampf und Kohlenstoffdioxid das wichtigste IR-aktive Spurengas.

Mikroklima. Klima im Bereich bodennaher Luftschichten. Auf engem Raum sind große Temperaturunterschiede möglich.

Miskolczi, Ferenc. Ungarischer Atmosphärenforscher, der in den USA tätig ist. Hat eine neue Konzeption zum Treibhauseffekt, mit einer konstanten optischen Tiefe der Wärmeabstrahlung des Bodens in eine semi-transparente Atmosphäre, vorgelegt.

Milanković, Milutin. Serbischer Mathematiker und Bauingenieur (1879-1958). Hat sich unter anderem mit den Zyklen befasst, denen die Sonneneinstrahlung auf die Erde im Zusammenhang mit den Bahnparametern der Erde unterliegt.

Milanković-Zyklen. Erdbahnzyklen, die die Ausbildung von Eiszeitzyklen (Rhythmus etwa 100 000 Jahre) erklären könnten:
- Änderung der Präzession der Erdachse (Kreiselbewegung),
- Änderung der Neigung der Erdachse,
- Änderung der Exzentrizität der Erdbahn um die Sonne.

Allerdings sind die mit diesen Zyklen verbundenen Änderungen der Sonneneinstrahlung ziemlich gering, so dass sie allein die tiefgreifenden klimatischen Schwankungen im Eiszeitalter doch nicht plausibel erklären können (am ehesten noch den Etwa-100 000 Jahre-Zyklus).

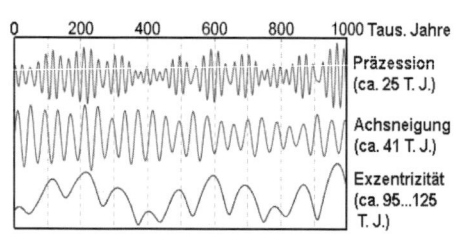

Milanković-Zyklen der Erdbahn

Milne, Edward Arthur. Englischer Mathematiker und Astrophysiker (1896-1950).

Mischungsverhältnis. Verhältnis des momentanen Wasserdampfgehalts zur Masse trockener Luft: $\mu = m_{WD} / m_{tL}$.

Mittelalterliche Warmzeit. Eine relativ schwach ausgeprägte, aber offenbar globale Erhöhung der mittleren Temperatur der Erde (ca. 900-1350). In ihr erfolgte die Besiedlung Grönlands von Island und von Skandinavien her. Auch: mittelalterliches Klimaoptimum.

Molmasse der Luftbestandteile. Die mittlere Molmasse ergibt sich aus dem Verhältnis der Molmassen und der Volumenkonzentrationen der Bestandteile der Luft, hauptsächlich Sauerstoff, Stickstoff und Argon. Für trockene Luft ist der exakte Wert 0,02896 kg Mol^{-1}. Er ermittelt sich in etwa aus der Summe von:

0,0140067 kg Mol^{-1} · 2 · 0,78 für Stickstoff (N$_2$)
+ 0,015999 kg Mol^{-1} · 2 · 0,21 für Sauerstoff (O$_2$)
+ 0,039948 kg Mol^{-1} · 0,01 für Argon (Ar).

N

Nach oben-Wärmestrahlung. Wärmestrahlung, die in der Atmosphäre nach oben gerichtet ist, auch ins All.

Nach unten-Wärmestrahlung. Wärmestrahlung, die in der Atmosphäre nach unten gerichtet ist, besonders ↑Gegenstrahlung.

NASA. National Aeronautics and Space Administration, USA. Ist auch mit Klimafragen auf der Erde, dem Mond und den Planeten des Sonnensystems befasst.

Nettostrahlung. System von Hin- und ↑Gegenstrahlung. Je nachdem, welche der beiden gegeneinander gerichteten Strahlungen über die höhere Intensität verfügt, bestimmt die Richtung der Nettostrahlung und damit der Wärmeübertragung.

Nicht-permanente Gase. Bezeichnet Gase, die im Temperaturbereich der Atmosphäre eine Phasenänderung erleiden können, vor allem also Wasserdampf.

Niederschlag. Bezeichnet die festen bzw. flüssigen Wasserphasen, die nach Kondensation latenter Wärme in der Atmosphäre auf Grund der Schwerkraft nach unten fallen. Sie sind Teil der Rückführung materie-gebundener Wärmeströme, die vorher, infolge Sonnenbeheizung, in der Atmosphäre aufgestiegen sind.

Niño, el. Südliche Oszillation. Nahezu periodisches Wetterphänomen im Pazifischen Ozean vor der Küste Südamerikas, das, zum Beispiel 1998, mit der global beachtlichen mittleren Temperatur auch eine klimatologische Dimension erreichen kann.

Niña, la. Bezeichnet ein Wetterereignis, das meist im Anschluss an ein el ↑Niño-Ereignis auftritt, als sozusagen dessen Gegenteil.

O

Oberrand der Atmosphäre. Modellannahme eines oberen Atmosphärenrandes, um die mathematische Beschreibung einer unendlich ausgedehnten Atmosphäre für Planeten zu vermeiden.

Optische Tiefe. Ist ein Maß für die Strahlungs*un*durchlässigkeit der Atmosphäre (wellenlängen-abhängig): $\tau_\lambda = \int_0^h \rho k_\lambda dh$.

$\tau > 1$: relativ schlechte Durchlässigkeit; $\tau < 1$: relativ gute.

Ozon, O_3. IR-aktives Atmosphärengas in der Troposphäre und als UV-aktives Gas in der unteren Stratosphäre. Entsteht aus normalem Sauerstoff durch solare UV-Strahlung.

P

Partialdruck. Druck, der in einem Gemisch aus idealen Gasen einer einzelnen Gaskomponente zugeordnet ist. Der Partialdruck entspricht dem Druck, den die einzelne Gaskomponente bei alleinigem Vorhandensein im betreffenden Volumen ausüben würde.

Pazifische Dekadenoszillation, PDO. Periodische Veränderungen der Meerestemperaturen im nördlichen Pazifik mit Zyklusdauer von etwa 20…30 a (d. h. viel länger im Vergleich zu ↑ENSO). Hat Einfluss auf den ↑Jetstream.

Permafrostboden. Die hohe Konzentration des IR-aktiven Spurengases Methan in den küstennahen Meeresgebieten Sibiriens kann nicht auf ein anthropogen verursachtes Auftauen des untermeerischen Permafrostbodens zurückgeführt werden. Es wurde aller Wahrscheinlichkeit nach durch den weltweiten Anstieg des Meeresspiegels nach der letzten Eiszeit eingeleitet. Mit dem Anstieg des Meeresspiegels versanken diese küstennahen Permafrostböden unter dem Meer und wurden dadurch erwärmt.

Photosynthese. Der grundlegende biochemische Prozess, der fortlaufend die Nahrungsgrundlage für alles höher entwickelte Leben auf der Erde schafft. Bei ihm kommt stofflich neben dem Wasser auch das Spurengas Kohlenstoffdioxid als Lebensspender voll zur Wirkung. Bei der Photosynthese werden mit Hilfe der Sonnenstrahlung aus energieärmeren Stoffen (also v. a. Wasser und Kohlenstoffdioxid) energiereichere, vor allem Kohlenhydrate, erzeugt. Dabei wird unter Zuhilfenahme von Chlorophyll durch Lichtabsorption Strahlungsenergie in chemische Energie umgewandelt. Fähig sind dazu vor allem grüne Pflanzen, aber auch Algen und einige Bakterien. Die Photosynthese läuft im Wesentlichen in zwei Stufen ab: Zunächst werden mit Hilfe der Sonnenstrahlung Wassermoleküle gespalten; es entsteht Wasserstoff und Sauerstoff. Dann werden in einem zweiten Schritt aus dem Kohlenstoffdioxid und dem Wasserstoff Kohlenhydrate aufgebaut.

PIK. Potsdam-Institut für Klimafolgenforschung. Bekannt für strikte Verfechtung der anthropogenen Klimaerwärmung, verbunden mit einer als notwendig erachteten grundsätzlichen Transformation der Gesellschaft.

Planck, Max. Deutscher Physiker (1858-1947). Nobelpreisträger. Hier: Theorie der Wärmestrahlung.

Plancksche Strahlungsgleichung. Beschreibt die Intensitätsverteilung der Strahlung eines Schwarzen Körpers in Abhängigkeit von der Wellenlänge. Die Kurve wird von der Temperatur des Körpers geprägt (s. Bild Plancksches Strahlungsspektrum).

Planckstrahlung, Schwarzkörperstrahlung. Strahlung eines

Hohlraums mit der ↑Emissivität von eins. Idealisierte, vollständige Wärmestrahlung, die von der Temperatur des Emitters abhängig ist.

Plan-parallele Scheibe in der Atmosphäre. Ebene Modellfläche in der Atmosphäre eines Planeten; als eben betrachtet auf Grund der geringen Krümmung von Atmosphärenschichten über der Planetenkugel.

Pleistozän. Zeitabschnitt der Erdgeschichte. Eiszeitalter, häufiger Wechsel von Kalt- und Warmzeiten; Beginn ungefähr mit Vergletscherung der der Arktis. Etwa vor 2,6 Mio. Jahren bis vor ca. 12 000 Jahren.

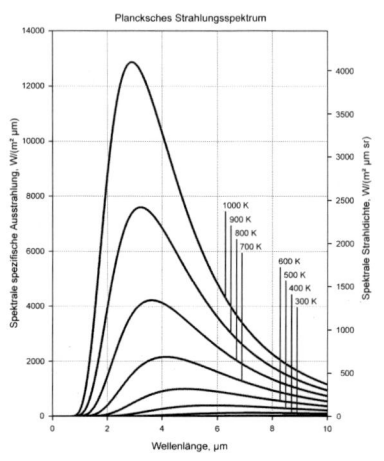

Plancksches Strahlungsspektrum in Abhängigkeit von der Temperatur des Emitters

Polares Klima, arktisches Klima. Klima der Polargebiete; zeichnet sich dadurch aus, dass der wärmste Monat eine Mitteltemperatur unter 10 Grad Celsius aufweist. Die Klimazone wird durch lange kalte Polarwinter geprägt, in denen die Sonne tage- oder wochenlang nicht über den Horizont steigt (Polarnacht). Die Sommer verlaufen kühl und häufig stark bewölkt. Die Niederschlagsmengen bleiben das ganze Jahr über gering.

Potentielle Energie von Luftpaketen. Durch den Aufstieg von adiabatisch erwärmten Luftpaketen unter der Wirkung des planetaren Gravitationsfeldes wandelt sich innere Energie der Pakete (verbunden mit Abkühlung) über Volumenarbeit (Expansion gegen die Wirkung des Luftdrucks) in potentielle Energie – wie bei jedem anderen Körper, der sich gegen die Wirkung der Gravitation nach oben bewegt. Die potentielle Energie wird mit dem adiabatischen Abstieg des Luftpakets wieder zurückgewonnen.

Proxy-Klimadaten. Neben ↑Eisbohrkernen eignen sich weitere

Proxydaten zur Klimabestimmung der Vergangenheit, darunter ↑Baumringe, Pollen, Sedimente, Korallen, ↑Stalagmiten und ↑Stalaktiten sowie historische Aufzeichnungen.

Pseudoadiabate. Feucht-adiabatische Kurve.

Pyrgeometer. Sensor für Wärmestrahlung (> 4 µm); gemessen als Differenz zwischen von oben aus der Atmosphäre kommender und vom Boden nach oben gerichteter Strahlung.

R

Randbedingungen des Strahlungstransports in der Atmosphäre. Sie spielen bei der Integration der Strahlungstransfergleichung eine wichtige Rolle. Das trifft vor allem oben zu, wenn man die Gleichung nicht nur für die ausgedehnte Sternatmosphäre anwendet, sondern auf die räumlich begrenzte Planetenatmosphäre. Dem diente die Einführung einer sekundären, das heißt, inneren Randbedingung. Charakteristisch ist dafür eine effektive Temperatur, von der aus die Abstrahlung ins All erfolgt.

Reflektivität. Reflexionsvermögen für Strahlung. Verhältnis zwischen reflektierter und einfallender Strahlungsintensität. Bei Reflexion einer Welle treten auch immer Energieverluste der reflektierten gegenüber der einfallenden Welle in Form von Absorption und Transmission auf. Siehe auch ↑Emissivität.

Relative Feuchtigkeit. Bezeichnet das Verhältnis der tatsächlichen Dichte von Wasserdampf in der Luft zur maximal möglichen Dichte, die beim jeweiligen Sättigungsdampfdruck des Wassers auftritt: $\dfrac{\rho}{\rho_{Sätt}}$ bzw. $\dfrac{P}{P_{Sätt}}$ (Verhältnis des aktuellen Partialdrucks des Wasserdampfs und des Sättigungsdampfdrucks). Bei einer relativen Feuchtigkeit von 100% setzt Kondensation ein.

Resublimation. Bezeichnet in der Thermodynamik den direkten Übergang eines Stoffs vom gasförmigen in den festen Aggregatzustand; dabei wird die Sublimationswärme frei (= Summe von Schmelz- und Verdampfungswärme). Zum Beispiel Bildung von

Raureif. Gegensatz: ↑Sublimation.

Ruddiman, William F. Amerikanischer Klimatologe, geb. 1943. Vertritt die These von der Beendigung des Eiszeitalters durch die weltweite Waldrodung der Steinzeitmenschen.

S

Sättigung von Wasserdampf in Luft. Sie ist erreicht, wenn die Luft keine Feuchte mehr aufzunehmen vermag; der Wasserdampf beginnt zu kondensieren. Die Sättigungsmenge ist abhängig von der Temperatur.

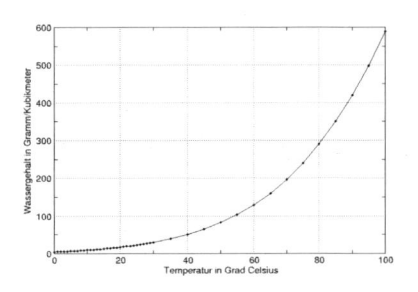

Sättigungsmenge von Wasserdampf in Luft

Allerdings kann die Temperatur auch unter den Taupunkt sinken und führt dann zu einer Übersättigung. Im unteren Teil der Sättigungskurve kann annähernd Linearität zwischen Wassergehalt und Temperatur angenommen werden.

Sättigungsdampfdruck. Als Dampfdruck wird der Partialdruck des Wasserdampfs im Luftgemisch bezeichnet. Als maximal möglicher Dampfdruck wird er zum Sättigungdampfdruck; er hängt von der Temperatur ab. Faustregel: pro 10 K steigt der Sättigungsdampfdruck um den Faktor zwei.

Schwarzer Körper. Strahler, der eine Emissivität von eins hat und ein nur von seiner Temperatur abhängiges Strahlungsspektrum aussendet (Schwarzkörperstrahlung, ↑Planckstrahlung). Gleichzeitig wird ihm eine Absorptivität von eins zugeordnet. Theoretisch kann man sich einen Hohlraum als einen solchen Strahler vorstellen. In der Realität weichen Wärmestrahler mehr oder weniger von einem Schwarzen Strahler ab, da die ↑Emissivität kleiner als eins ist. Näherungsweise kann man im Modell jedoch solche realen Strahler als Schwarzstrahler behandeln.

Schwarzschild, Karl. Deutscher Astronom und Physiker (1873-1916).

Schwarzschildgleichung. Strahlungstransfergleichung, die das Zusammenspiel von Emission und Absorption bei Ein- und Austritt in einer plan-parallelen Atmosphärenscheibe beschreibt.

Schwendwirtschaft. Ursprüngliche Form der Landwirtschaft, bei der durch Abholzen von Wäldern mittels Brandrodung Kulturflächen entstehen. Solche Anbauflächen mussten wegen Erschöpfung des Bodens häufig wieder aufgegeben und durch neu gerodete ersetzt werden, so dass ein fortgesetzter Zwang zur Brandrodung vorhanden war.

Semi-Transparenz der Atmosphäre. Eine für die terrestrische Strahlung semi-transparente Atmosphäre mit einer für die Erdverhältnisse bestimmbaren mittleren konstanten optischen Tiefe ist von ↑Miskolczi ins Spiel gebracht worden. Dieses Konzept beansprucht, durch Neudefinition von Randbedingungen einige Nachteile der bisherigen klassischen Lösung der Strahlungstransfergleichung, die auf ↑Eddington und ↑Milne zurückgeht, zu beseitigen – so die temperatur-bezogene Unstetigkeit zwischen Erdboden und boden-naher Atmosphäre, die dort zu zwei unterschiedlichen Temperaturen führt, oder die Unendlichkeit der Atmosphäre nach oben hin.

Sequestration von Kohlenstoffdioxid. Eine kosten-aufwendige Maßnahme des ↑Geoengineering, um eine Reduzierung des anthropogenen CO_2-Eintrags in die Atmosphäre zu erreichen. Problem dabei: Da sich CO_2 nicht mit fortschreitender Zeit abbaut (im Gegensatz zum Beispiel zur Radioaktivität), müsste der unterirdische Einschluss quasi auf „Ewigkeit" sicher gewährleistet sein.

Skalenhöhe in der Atmosphäre. Bezeichnet in der Vertikalausdehnung den Punkt, in dem der Druck über der Erdoberfläche um das e-fache abgefallen ist. Die Skalenhöhe der Erdatmosphäre liegt bei etwa 7,8 km.

Solarkonstante. In mittlerer Entfernung Sonne – Erde (149,6 Mio km) vorhandene Strahlungsintensität der Sonne: 1367 W m^{-2}. 99,99% der Intensität dieser Strahlung liegt in den Wellenlängen von 0,2 µm bis 25 µm.

Solarvariabilität. Veränderung der solaren Strahlungsintensität im 22-(11-)jährlichen Sonnenfleckenzyklus. Bewirkt Veränderung der Solarkonstanten in Höhe der Erdbahn um etwa 0,1%.

Sonnenaktivität, magnetische. Die Sonne strahlt nicht gleichmäßig, sondern in zyklischer Aktivität. Auffällig sind die Schwankungen aller etwa 11 Jahre (Sonnenflecken). Die Ursache dafür liegt in der Umpolung des solaren Magnetfeldes. Nach zwei Umpolungen (22 Jahre) wird der ursprüngliche magnetische Zustand wieder erreicht. In größeren zeitlichen Abständen kann die Anzahl der Sonnenflecken atypisch abnehmen oder praktisch auch ganz entfallen (↑Maunder-Minimum, ↑Dalton-Minimum).

Sonnenflecken. Werden durch dunkle Flächen auf der Sonnenoberfläche gekennzeichnet. Sie sind kühler und strahlen daher weniger Licht ab als ihre Umgebung. Ihr Auftreten ist mit einer Umpolung des solaren Magnetfeldes verbunden und erfolgt regelmäßig aller etwa 11 Jahre. Nach zwei derartigen Umpolungen wird wieder der magnetische Ausgangszustand erreicht (damit etwa aller 22 Jahre).

Sonnenstrahlung. Quelle von Licht und Wärme für das Erdklimasystem. Nach Wellenlängen liegt der Strahlungsanteil bei 10% im Ultravioletten, bei 45% im Sichtbaren und bei auch ca. 45% im Infraroten.

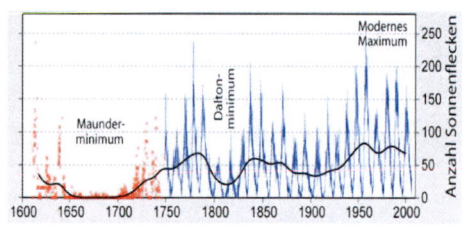

Sonnenfleckentätigkeit

Sorochtin, Oleg G. Russischer Geophysiker, geb. 1927. Mitglied der Akademie der Naturwissenschaften. Ein steigender CO_2-Gehalt der Atmosphäre führe nicht zur Erwärmung, sondern zur besseren Kühlung des Erdklimasystems. Die Erde stehe am Ende eines Interglazials und steuere in eine neue Kaltzeit.

Spurengase in der Atmosphäre. ↑IR-aktive Gase.

Stabile Schichtung. Die Schichtungsstabilität der Erdatmosphäre beschreibt deren thermodynamische Stabilität bezüglich des vertikalen Temperaturgradienten. Dabei wird zwischen einer labilen, stabilen und neutralen Atmosphärenschichtung unterschieden. In der Regel handelt es sich beim vertikalen Verlauf der Lufttemperatur um eine Temperaturabnahme; die Luft wird nach oben immer kälter. Nimmt jedoch die Lufttemperatur zeitweilig mit der Höhe zu, gibt es eine ↑Inversion.

Stalagmit. Bezeichnet den vom Boden einer feuchten Höhle emporwachsenden Tropfstein. Je höher die Temperatur in einer Höhle, desto stärker ist die Abscheidung von Kalkstein.

Stalaktit. Bezeichnet den von der Decke einer feuchten Höhle hängenden Tropfstein. Auch hier gilt: Je höher die Temperatur in der Höhle, desto stärker ist die Abscheidung von Kalkstein.

Standardatmosphäre. Eine vereinfachte Referenzatmosphäre; am bekanntesten ist die US-Standardatmosphäre. In Meereshöhe gilt: Temperatur $T_S = 288{,}15$ K; Dichte $\rho_S = 1{,}225$ kg m^{-3}; Druck $P_S = 101325$ N m$^{-2} = 1013{,}25$ hPa.

Starthöhe der atmosphärischen Abstrahlung. Kann etwa mit der Höhe über der Erdoberfläche, in der die erste Kondensation von Wasserdampf einsetzt, angesetzt werden.

Stefan, Josef. Serbischer / österreichischer Mathematiker und Physiker (1835-1893). Fand 1879 empirisch das nach ihm und Boltzmann benannte Strahlungsgesetz.

Stefan-Boltzmannsches Gesetz. Die Gesamtstrahlung eines Schwarzkörpers ist proportional der 4. Potenz seiner Temperatur.

Strahlungsantrieb, Radiative Forcing. Die Atmosphäre enthält IR-aktive Gase, darunter das CO_2. Sie könnte folglich prinzipiell auf Wärmestrahlung, die von der Erdoberfläche emittiert wird, reagieren. Wenn jedoch die vom Boden in die unterste Atmosphäre eingetragene Energie, wegen der hohen Luftdichte, durch den Konkurrenzprozess Partikelkollision zum großen Teil in Wärme umgewandelt, mit Hilfe des dort vorhandenen hohen kondensierten Feuchteanteils wieder entsprechend der Temperatur abgestrahlt und – sofern die optische Tiefe das zulässt – dem Boden wieder zugeführt wird, entsteht ein energetisches Nullsummenspiel: Es wird genau so viel Energie vom Boden der Atmosphäre radiativ zugeführt, wie von ihr *in Richtung Boden* durch Strahlung abgeführt wird; beide Intensitäten sind annähernd gleich (333 W m^{-2} = 333 W m^{-2}). Der ↑Eddingtonfluss ist null. (Was *nach oben* emittiert wird, kommt im Wesentlichen auch wieder zum Emitter zurück.) Damit kann der atmosphärische ↑Strahlungsantrieb, d. h. der Nettostrahlungsfluss, beispielsweise des CO_2, auch gleich null sein. (Das gilt exakt nur für das angenommene Modell. In der Realität kommt es durchaus vor, dass die beiden betroffenen Strahlungsintensitäten nicht exakt gleich sind. Dann wird in geringem Maße Wärme übertragen, und zwar ist das sowohl nach oben als auch nach unten möglich; eine leichte Erwärmung oder Abkühlung kann folglich eintreten.)

Strahlungsfenster. ↑IR-Strahlungsfenster.

Strahlungsgleichgewicht. Hier vor allem die annähernde Gleichheit zwischen solarer Zustrahlung zum Erdklimasystem und der terrestrischen Wärmeabstrahlung. Auch innerhalb der Atmosphäre kann es abgegrenzte Luftvolumina geben, bei denen eine annähernde Gleichheit von Zu- und Abstrahlung angenommen wird.

Strahlungsgleichgewichtstemperatur. Temperatur, bei der bei einem strahlenden Körper oder System die Zustrahlung gleich der Abstrahlung ist. Bei einem Planeten, der über eine genügend dichte Atmosphäre mit IR-strahlenden Substanzen (Gase, Wolken) verfügt, befindet sich die Gleichgewichtstemperatur zwischen der solaren Zustrahlung und der planetaren Wärmeabstrahlung immer in einiger Höhe über der Oberfläche innerhalb der Atmosphäre.

Strahlungsintensität. In der Regel wird diese Größe für planetarische Energie- bzw. Leistungsbilanzen benutzt, ausgedrückt in der Einheit W m^{-2}.

Strahlungsqualität. ↑Absorption von elektromagnetischer Strahlung an Materie. Ebenso äußert sich in der unterschiedlichen ↑Streuung von solarer und terrestrischer Wärmestrahlung ein Qualitätsunterschied elektromagnetischer Strahlung.

Strahlungsreemission. Wiederaussenden von elektromagnetischer Strahlung nach vorheriger Anregung durch Absorption von elektromagnetischer Strahlung an Materie-Molekülen.

Strahlungsreflexion. Zurückwerfung des Teils von auf Materie auftreffender elektromagnetischer Strahlung, der keine Absorption oder keine Transmission erleidet. Insbesondere helle, glatte Flächen reflektieren zum Beispiel Sonnenlicht (Schnee, Eis, Wolken). ↑Emissivität.

Strahlungstransfer in der Atmosphäre. Beschreibt den Durchgang von elektromagnetischer Strahlung durch eine Atmosphärenschicht, unter Berücksichtigung, dass auch in der Schicht neue Quellen von elektromagnetischer Strahlung vorhanden sein können. Der Strahlungstransfer von solarer Wärmestrahlung unterscheidet sich von dem von terrestrischer Wärmestrahlung, insbesondere durch die Streuung.

Strahlungstransfergleichung. ↑Schwarzschildgleichung.

Stratosphäre. Zweites Stockwerk in der geschichteten Atmosphäre, das oberhalb der ↑Tropopause liegt und in dem die Temperatur nicht mehr kontinuierlich mit dem Druck abnimmt.

Stratosphärischer Wasserdampf. Der relativ geringfügige stratosphärische Wasserdampf scheint nach neuesten Erkenntnissen durchaus bedeutsam für das Klima an der Erdoberfläche zu sein. In den letzten beiden Jahrzehnten hat offenbar die Konzentration von Wasserdampf in der Stratosphäre zugenommen. Durch die Tropopause, insbesondere in den Tropen, hat sich der „Durchbruch" von Wasserdampf erhöht. Er kondensierte bei den sehr niedrigen Temperaturen (um die 180 K) als Eispartikel aus; diese wuchsen und bewegten sich im Erdgravitationsfeld nach unten. Dann verdampften sie wieder und erhöhten die stratosphärische Wasserdampf-Konzentration. Im Jahrzehnt nach 2000 hat die

Wasserdampf-Konzentration wieder abgenommen. Mit Zunahme der Konzentration wurde ein Anstieg der Oberflächentemperatur festgestellt; mit Abnahme der Konzentration nahm die Oberflächentemperatur nicht mehr zu oder vielleicht sogar ab. Da der stratosphärische Wasserdampf aus der ↑Troposphäre kommt, besteht vermutlich ein Zusammenhang mit dem Wassergehalt in der Troposphäre und damit dem Wechselspiel von Erdoberflächentemperatur und ↑troposphärischem Wassergehalt.

Streuung von Sonnenstrahlung in der Atmosphäre. Auffällige Lichterscheinungen wie das Blau des Tageshimmels oder das Rot bei Sonnenaufgang / Sonnenuntergang sind Folge der Streuung, denen das *Sonnenlicht* in der Erdatmosphäre unterliegt. ↑Rayleigh-Streuung. In den Morgen- und Abendstunden ist der Strahlungsweg durch die Atmosphäre größer, der Blauanteil wird „herausgestreut", das Rot überwiegt, s. Bild unten. Bei der Behandlung von *terrestrischer* Wärmestrahlung kann näherungsweise auf die Berücksichtigung der Streuung wegen Geringfügigkeit verzichtet werden. Neben der genannten Rayleigh-Streuung kann in der Atmosphäre noch die ↑Mie-Streuung ausgemacht werden. Sie erfolgt an Partikeln in der Luft, die von etwa gleicher Größe wie die Wellenlänge der Strahlung sind (Staubteilchen, Wassertröpfchen, Aerosolen). Dabei gibt es nur eine geringe Abhängigkeit von der Wellenlänge, so dass daraus keine besondere Streufarbe am Himmel entsteht.

Morgenröte über der Stadt Chemnitz

Subpolares Klima. Eine Klimazone, die den Übergang zwischen polarer und gemäßigter Klimazone bildet. Sie ist durch lange Winter und kurze, kühle Sommer geprägt; sie ist in der Regel niederschlagsarm. Auf Grund der niedrigen Temperaturen ist die Verdunstung gering und die absolute Luftfeuchte niedrig.

Svensmark, Henrik. Dänischer Physiker, geb. 1958. Untersuchte mit Eigil Friis-Cristensen den Zusammenhang von kosmischer Strahlung und der Klimaveränderung über den Wolkenbildungsmechanismus. Seine These wurde jahrelang vom IPCC abgelehnt, scheint aber nun (2011) durch das Experiment ↑CLOUD am ↑CERN, Genf, bestätigt worden zu sein.

T

Taupunktgradient. Ein vertikaler Temperaturgradient in der Atmosphäre, der die Abnahme der jeweiligen ↑Taupunkttemperatur mit zunehmender Höhe beschreibt.

Taupunkttemperatur. Temperatur, bei der Kondensation einsetzt; die ↑relative Feuchtigkeit erreicht 100%.

Temperatureffekt, absoluter. Temperaturdifferenz zwischen der globalen Bodentemperatur und der effektiven Abstrahlungstemperatur des Systems Planet / Atmosphäre, charakterisiert mithin die klimatologische Wirkung der Atmosphäre eines Planeten (im Vergleich zu einem ansonsten gleichartigen atmosphärelosen Planeten). ↑Temperatureffekt, atmosphärischer. Er ist eine planetare Klimakonstante: Während sich – in Abhängigkeit vom globalen Wassergehalt der Atmosphäre – die charakteristischen Temperaturwerte am Boden und in der Atmosphäre sowie der Temperaturgradient und die effektive Abstrahlungshöhe ändern, bleibt der absolute atmosphärische Temperatureffekt eines Planeten gleich. Für die Erde gilt zum Beispiel heute ein Wert von etwa 33,8 K.

TEMPERATUREFFEKT, ATMOSPHÄRISCHER. Es wird in der kompakten Atmosphäre davon ausgegangen, dass die ↑Bodenwärmestrahlung

(1) nur innerhalb des ↑IR-Strahlungsfensters tatsächlich die Bodennähe verlassen und direkt ins All (bei global klarem Himmel) emittiert werden kann (maximal im Mittel 63 W m^{-2});
(2) außerhalb des IR-Strahlungsfensters durch die dort vorhan-

dene Gegenstrahlung gleicher Intensität (333 W m^{-2}) energetisch kompensiert wird und daher nur so viel Energie in die Atmosphäre einträgt, wie von ihr auch wieder in Richtung Boden abgestrahlt wird (↑Zwei-Effektivlagenmodell). (Bei 60% bedecktem Himmel gehen nur noch 40 W m^{-2} Bodenstrahlung im IR-Strahlungsfenster direkt ins All; 23 W m^{-2} werden an Wolken „zwischenabsorbiert".)

Auf dem Strahlungsweg verlässt danach nur die ↑Nettostrahlung (und nur im IR-Strahlungsfenster) die Oberfläche. Die verbleibende Wärmeabfuhr (im Mittel 98 W m^{-2}) erfolgt durch materiegebundene ↑Wärmeströme (als fühlbare und als latente Wärme).

Die *Energiebilanz an der Erdoberfläche* (s. ↑Leistungsbilanz):
- Zufuhr durch Insolation 161 W m^{-2}; Summe: <u>161 W m^{-2}</u>.
- Abfuhr durch Strahlung im IR-Strahlungsfenster direkt ins All bei durchschnittlich 60% Bewölkungsgrad 40 W m^{-2}; Abfuhr durch Strahlung im IR-Strahlungsfenster und Absorption in Wolken 23 W m^{-2}; Abfuhr durch materie-gebundene Ströme in die Atmosphäre 98 W m^{-2}; Summe: <u>161 W m^{-2}</u>.

Die *Energiebilanz an der oberen Effektivtemperatur der Atmosphäre bei etwa 255 K* (s. ↑Leistungsbilanz):
- Zufuhr durch materie-gebundene Wärmeströme vom Boden 98 W m^{-2}; Zufuhr von Wärme aus Absorption von Bodenstrahlung an Wolken im IR-Strahlungsfenster: 23 W m^{-2}; Absorption von Sonnenstrahlung in der Atmosphäre 79 W m^{-2}; Einbeziehung der direkten Bodenabstrahlung ins All im IR-Strahlungsfenster mit 40 W m^{-2}; Summe: <u>240 W m^{-2}</u>.
- Abfuhr durch Wärmestrahlung des Systems Erde /Atmosphäre ins All 240 W m^{-2}; Summe: <u>240 W m^{-2}</u>.

Hinzu kommt empirisch ein interner *Strahlungskreislauf von terrestrischer Wärmestrahlung* aus der unteren Atmosphäre in Richtung Erdoberfläche in Höhe von 333 W m^{-2} und eine Bodenrestabstrahlung von nahezu gleicher Intensität – beides außerhalb des IR-Strahlungsfensters. Beide Strahlungen führen nicht zur Temperaturänderung ihrer Emitter und beeinflussen die Bilanz nicht. Alternative: ↑Treibhauseffekt.

Zwischen der Globaltemperatur und der effektiven Abstrahlungstemperatur ins All besteht ein atmosphärischer Temperatureffekt von 289 K − 255,2 K = 33,8 K. Und es gilt: Mit dem mathematischen Produkt aus Temperaturgradient und effektiver Abstrahlungshöhe ins All ergibt sich für die trockene Erdatmosphäre 9,8 K km^{-1} · 3,45 km = 33,8 K und für die mittlere feuchte Atmosphäre 6,4 K km^{-1} · 5,28 km = 33,8 K. Letztere Beziehungen weisen auf den engen Zusammenhang zwischen Temperaturgradient und atmosphärischem Temperatureffekt hin.

Temperatureffekt, relativer. Das reziproke *Verhältnis* der effektiven Abstrahlungstemperatur des Systems Planet / Atmosphäre zur globalen Bodentemperatur. Unterschied zum ↑absoluten Temperatureffekt, der die *Differenz* der beiden Temperaturen bezeichnet. Er ermittelt sich nach $\eta = 1 - \dfrac{T_{u,\mathit{eff}}^{4}}{T_S^{4}}$; heute gilt für die Erde 0,4.

Temperaturgradient, feuchter. Temperaturgradient, der sich in der Erdatmosphäre bei Anwesenheit von Feuchte ausbildet; er ist immer kleiner als der trockene ↑Temperaturgradient.

Temperaturgradient, mittlerer feuchter. Er beträgt in der Standardatmosphäre der Erde 6,5 K km^{-1}.

Temperaturgradient, trockener. Der Temperaturgradient in trockener Luft beträgt auf der Erde 9,8 K km^{-1}.

Temperaturleitfähigkeit. Sie ist ein Maß für die Fortpflanzungsgeschwindigkeit einer Temperaturänderung in einem Körper und wird in m^2 s^{-1} gemessen. Die Konstituenten der Temperaturleitfähigkeit α sind die Wärmeleitfähigkeit λ, die Dichte ρ und die spezifische Wärmekapazität c_P bei konstantem Druck: $\alpha = \dfrac{\lambda}{\rho c_P}$. Temperaturänderungen in ruhender Luft vollziehen sich wesentlich schneller als beispielsweise in Wasser − etwa vergleichbar mit einigen Metallen.

Temperaturschichtung. Die Atmosphäre eines Planeten weist nicht nur eine − gravitations-bedingte − Druck- bzw. Dichteschichtung auf, sondern auch eine Temperaturschichtung, wenn sie von unten (nach erfolgter Absorption von Sonnenstrahlung am

Boden) durch materie-gebundene Wärmeströme aufgewärmt wird.

Temperatursenkungsrate, adiabatische. Bezeichnet die Temperaturabnahme, die ein Luftpaket bei adiabatischem Aufstieg in der Troposphäre erfährt (kein Wärmeaustausch mit der Umgebung).

Temperatursenkungsrate, pseudo-adiabatische. Bezeichnet die Temperaturabnahme in vertikaler Richtung in der Atmosphäre, die beim Aufstieg von Luftpaketen in einer feuchten Umgebung erfolgt. Sie ist kleiner als die trockene Temperatursenkungsrate. Kann – neben Wasser – auch durch Staub und andere feine feste oder flüssige Partikel in der Atmosphäre hervorgerufen werden.

Thermalisiert. Hier: Wenn Gasteilchen in der Atmosphäre in großer Zahl durch Zusammenstöße mit anderen Gasteilchen an der Temperaturausbildung in dieser Atmosphäre beteiligt sind.

Thermoneutrale Temperaturzone. Bezeichnet diejenige Umgebungstemperatur, bei der ein Organismus den kleinsten Grundumsatz (Energieverbrauch) aufweist. Beim unbekleideten Menschen liegt sie bei etwa 300 K; darüber beginnt er zu schwitzen, darunter fröstelt er. Das weist darauf hin, dass der Mensch ursprünglich aus einer äquatornahen Zone stammt. Bei der heutigen globalen Mitteltemperatur an der Erdoberfläche (ca. 289 K) benötigt der Mensch ständig Kleidung.

Tiefenabsorption von Sonnenstrahlung. Sonnenstrahlung wird nicht nur unmittelbar an der Oberfläche absorbiert, sondern dringt auch mehr oder weniger in die Tiefe des Absorbers ein. Insbesondere bei Wasser ist die Tiefenabsorption – in Abhängigkeit von der Wellenlänge des Sonnenlichts (Farbe) – gut zu beobachten: Blau dringt stärker in die Tiefe vor als Rot.

Titan, klimatologisch. Der Saturnmond Titan weist einige charakteristische Eigenschaften auf, die ihn klimatologisch in eine Reihe mit der Erde und ihren beiden Nachbarplaneten stellt: fester Boden, Atmosphäre, atmosphärisches Medium, das in mehreren Phasen vorliegen kann, so dass auch Verdunstung und Kondensation, verbunden mit Niederschlägen, stattfinden. Dabei handelt es sich um Kohlenwasserstoffe, vorrangig wohl Methan. Flüssiges Wasser existiert wegen der großen Sonnenferne auf Titan nicht.

TOA. Top of the Atmosphere. ↑Oberrand der Atmosphäre.

Totale potentielle Energie. Ist in der Atmosphäre gleich der Summe aus potentieller Energie und innerer Energie.

Transmissivität. Durchlassfähigkeit für Strahlung. Die Transmissivität kann als Quotient zwischen der Strahlungsintensität J_0 vor und der Intensität J hinter der jeweiligen Materie definiert werden: $\tau = \dfrac{J}{J_0}$. Sie nimmt Werte zwischen 0 und 1 an.

TREIBHAUSEFFEKT. In Anlehnung an das gärtnerische Glashaus wird als *natürlicher Treibhauseffekt* die Differenz der ↑Bodenwärmestrahlung (entsprechend einer mittleren Globaltemperatur T_S = 289 K) und der Abstrahlung des Klimasystems ins All (von einer effektiven Atmosphärentemperatur $T_{u,\text{eff}}$ = 255 K) bezeichnet: 396 W m^{-2} – 240 W m^{-2} = 156 W m^{-2}. Diese Differenz werde durch Strahlungsabsorption an IR-aktiven Bestandteilen der Atmosphäre (↑Treibhausgase; ↑Wolken) bewirkt. Die absorbierte Strahlung werde sowohl nach oben, ins All, als auch nach unten, zurück zur Oberfläche, wieder abgestrahlt, wobei der nach unten gerichtete Teil die Oberfläche wärmer halten soll als es bei einer atmosphärelosen Oberfläche der Fall wäre.

Ein zusätzlicher, *anthropogener Treibhauseffekt* entstehe durch weiteres Einbringen von Treibhausgasen, wie vor allem das Kohlenstoffdioxid, in die Atmosphäre, wodurch die dann vermehrte ↑Gegenstrahlung die Erdoberfläche weiter aufwärmen soll.

Die *Energiebilanz an der Erdoberfläche* (s. ↑Leistungsbilanz):
- Zufuhr solare Insolation des Bodens 161 W m^{-2}; Zufuhr atmosphärische Gegenstrahlung 333 W m^{-2}; Summe: <u>494 W m^{-2}</u>.
- Abfuhr durch Eigenwärmestrahlung Boden 396 W m^{-2}; Abfuhr durch materie-gebundene Ströme vom Boden 98 W m^{-2}; Summe: <u>494 W m^{-2}</u>.

Die *Energiebilanz in der Atmosphäre* (s. ↑Leistungsbilanz):
- Zufuhr durch terrestrische Strahlung 396 W m^{-2}; Zufuhr durch

Insolation Atmosphäre 79 W m^{-2}; Zufuhr durch materie-gebundene Wärmeströme vom Boden 98 W m²; Summe: <u>573 Wm^{-2}</u>.

- Abfuhr durch Abstrahlung ins All 240 W m^{-2}; Abfuhr durch Gegenstrahlung zum Erdboden 333 W m^{-2}; Summe: <u>573 W m^{-2}</u>.

Eine Alternative zum Treibhauseffekt bietet der atmosphärische ↑Temperatureffekt. Der Bilanz mit den niedrigsten Leistungswerten sollte, bei sauberer qualitativer Trennung der beteiligten Wärmeströme, der Vorzug eingeräumt werden.

Treibhauseffekt, maximaler. Nach ↑Miskolczi halten Atmosphären vom Erdtyp, die über eine partielle Wolkenbedeckung und ein genügend großes Wasserreservoir verfügen, einen energetisch eindeutig bestimmbaren konstanten maximalen Treibhauseffekt aufrecht, der durch weitere Emissionen (zum Beispiel auch einen anthropogen verursachten anwachsenden CO_2-Gehalt der Atmosphäre) nicht weiter vergrößert werden könne. Ein Mehr beispielsweise an CO_2 bedeute dann automatisch beispielsweise ein Weniger an Wasserdampf. Die Treibhaustemperatur müsse um den theoretischen Gleichgewichtswert herum fluktuieren; eine tatsächliche Änderung sei nur möglich, wenn sich die ankommende verfügbare Energie ändere, also die Sonnenstrahlung sich ändere oder wenn eine andere Energiequelle ins Spiel komme.

Treibhauseffekt, normalisierter. In etwa vergleichbar mit dem ↑relativen Temperatureffekt. Es wird die Strahlungsdifferenz zwischen rechnerischer Bodenabstrahlung (entsprechend der globalen Temperatur) und der effektiven Abstrahlung ins All mit der rechnerischen Bodenabstrahlung ins Verhältnis gesetzt; für die Erde heute erhält man damit $\dfrac{396\,\text{Wm}^{-2} - 240\,\text{Wm}^{-2}}{396\,\text{Wm}^{-2}} \approx 0{,}4$.

Treibhausgase. Bezeichnung für ↑IR-aktive Spurengase in der Atmosphäre von Planeten, die im Verdacht stehen, einen ↑Treibhauseffekt hervorzurufen, wie zum Beispiel Kohlenstoffdioxid in der Venus-Atmosphäre. Im Besonderen werden damit auch solche IR-aktiven Spurengase bezeichnet, deren Konzentration in der Atmosphäre im Zusammenhang mit der Wirtschaftstätigkeit ansteigt (Kohlenstoffdioxid und Methan in der Erdatmosphäre).

Klima von A bis Z

Trenberth, Kevin E. Neuseeländischer Klimatologe, geb. 1944. Führender Autor in den Klimaberichten des IPCC. Hat 2009 mit Kollegen die in diesem Buch verwendete neue globale Energiebilanz des Erdklimasystems vorgelegt.

Trockenadiabate. Ein Luftpaket unterliegt bei jeder Höhenänderung einer Volumen- und Druckänderung. Beim Aufstieg nimmt durch Expansion das Volumen zu, der Druck fällt. Das Umgekehrte geschieht durch Kompression beim Absteigen. Entfällt der Wärmeaustausch mit der Umgebung, gehen Aufstieg bzw. Abstieg mit der Änderung der inneren Energie des Luftpakets einher. Die Höhenänderung erfolgt also adiabatisch. Im Fall trockener Luft beträgt der beim Aufstieg wirksame Temperaturgradient etwa konstant 9,8 K km^{-1} (Trockenadiabate).
Diese trocken-adiabatische Temperatursenkungsrate eines Planeten ist nach $-g/c_P$ allein durch die Gravitation des Planeten und die thermischen Stoffeigenschaften der Atmosphäre bestimmt.
Eine Trockenadiabate ist auch den Atmosphären der äußeren großen Gasplaneten des Sonnensystems zuzuordnen.

Trocken-adiabatisch. Keine Feuchte enthaltend und kein Wärmeaustausch mit der Umgebung.

Tropisches Klima. Bezeichnet das Klima in einem Streifen beiderseits des Äquators. Im Allgemeinen sinkt dort die Mitteltemperatur nicht unter 293 K.

Tropopause. Die Grenze zwischen ↑Troposphäre und ↑Stratosphäre in der Lufthülle der Erde. Höhe über den Polen im Mittel etwa 8 km, über den Tropen etwa 15 km. Materieströme können in der Regel die Tropopause nicht durchdringen, da der mittlere ↑Temperaturgradient in der Lufthülle ab hier etwa konstant bleibt.

Troposphäre. Unteres Stockwerk im atmosphärischen Etagengebäude der Lufthülle der Erde, in dem sich vorrangig Wetter- und Klimageschehen abspielen. Die Troposphäre wird oben durch die ↑Tropopause begrenzt. Die Tropopause kann in der Regel nur von Strahlung von unten nach oben durchdrungen werden, nicht von Materieströmen. Ausnahmen:↑stratosphärischer Wasserdampf.

Troposphärischer Wassergehalt. Mit steigender Temperatur erhöht sich die Aufnahmefähigkeit der Luft für Wasserdampf (↑Clausius-Clapeyronsche Beziehung). Diese ansteigende Sättigungskonzentration verläuft im klimatologisch interessanten Temperaturbereich von 0 °C bis ca. 20 °C annähernd linear mit dem Wassergehalt. Man kann diesen Zusammenhang nutzen, um näherungsweise eine Abhängigkeit der mittleren globalen Temperatur T_S an der Erdoberfläche mit dem mittleren (potentiellen) Wassergehalt w in der Troposphäre zu beschreiben: $T_S \sim w$.

Empirisch ergibt sich für die globale Mitteltemperatur T_S an der Erdoberfläche:

$\overline{T_S} = \overline{T_0} + 1{,}231 \cdot 10^{-12} \, w \cdot K/t$. Der angegebene Zahlenfaktor lässt sich überschläglich aus dem heutigen mittleren Wassergehalt von $13 \cdot 10^{12}$ t in der Erdatmosphäre und der mittleren Temperaturdifferenz von 16 K – beides bezogen auf einen postulierten Wasserdampfgehalt von 0 bei 273 K – ermitteln:

$16 K / 13 \cdot 10^{12} t = 1{,}231 \cdot 10^{-12} K/t$

Der Wassergehalt der Troposphäre steigt an, wenn sich die Insolation der Erdoberfläche erhöht, aber offenbar auch, wenn sich – bei gleichbleibender Insolation – durch großflächige Veränderung der Oberflächenstruktur und damit besserer Wirkung der Sonnenstrahlung oder durch anthropogen verursachten Zusatzeintrag von Wasserdampf der mittlere Wassergehalt der Atmosphäre erhöht.

U

Übertragene Energie durch Strahlung. Modell-Ausgangspunkt sind zwei sich gegenüberstehende plan-parallele Planck-Strahler.

Max Planck, 1923: „Ein Körper A von 100 °C emittiert gegen einen ihm gegenüber befindlichen Körper B von 0 °C genau die Wärmestrahlung, wie gegen einen gleichgroßen und gleich gelegenen Körper B' von 1000 °C, und wenn der Körper A von dem Körper B abkühlt, von dem Körper B' erwärmt wird, so ist dies nur eine Folge des Umstands, dass B schwächer, B' aber stärker emittiert als A." Es sei hinzugefügt: Und wenn beide Strahlungsintensitäten genau gleich groß sind, erfolgt wechselseitig weder eine Aufwärmung noch eine Abkühlung.

Unterrand der Atmosphäre. Ein solcher Unterrand kann im Modell angenommen werden, um in der unteren Atmosphäre zwei separate, gegeneinander gerichtete Wärmestrahler zu identifizieren. S. auch das rechte Bild in ↑Zwei-Effektivlagenmodell. Zwischen beiden Strahlern besteht eine „Grenzschicht", mit Unstetigkeiten, die ggf. als beliebig klein angenommen werden kann.

UV-Strahlung, Ultraviolett-Strahlung. Bestandteil des Strahlungsspektrums der Sonnenstrahlung, die das Erdsystem erreicht. Die UV-Strahlung der Sonne wird zu großen Teilen durch ↑Ozon in der unteren Stratosphäre absorbiert. Da Ozon jedoch erst durch den Sauerstoff, den das Leben auf der Erde produziert hat, in die Atmosphäre gekommen ist, gab es vorher auf der Erdoberfläche keinen Schutz vor den harten UV-Strahlen. Daher ist es naheliegend, dass sich das Leben auf der Erde nur im Wasser, nicht auf dem festen Boden, gebildet haben kann. Der Schutz des Ozons in der Stratosphäre ist folglich nunmehr eine Grundvoraussetzung für die ungestörte Weiterentwicklung des Lebens auf der Erde.

V

Venus, klimatologisch. Die wichtigsten Unterschiede zur Erde: ein exorbitant hoher Druck (92 000 hPa) und eine exorbitant hohe Globaltemperatur (T_S = 730 K) an der Oberfläche. Unter diesen Bedingungen gibt es kein flüssiges Wasser an ihr. In der Frühzeit des Planeten wurde das CO_2 nicht aus der Atmosphäre ausgewaschen und als festes Karbonatgestein abgelagert. Auf Grund der größeren Sonnennähe wurde Wasserdampf in der Atmosphäre photolytisch gespalten, wobei der leicht flüchtige Wasserstoff ins All abdriftete. Die durchgängige globale Wolkendecke (bis in ca. 60 km Höhe) besteht aus Schwefelsäure; von ihr dürfte im Wesentlichen die Abstrahlung des Klimasystems ins All erfolgen. Sie bedeutet nämlich auch das Ende aller möglichen radiativen und konvektiven Bodenwärmeströme („Treibhaus"). Schwefelsäure könnte den klimatologisch erforderlichen Phasenwechsel gasförmig – flüssig bewerkstelligen. Allerdings können sich am

Boden keine Säureseen ausbilden – materieller Nachschub könnte jedoch durch Vulkanismus erfolgen. Der Temperaturgradient der Atmosphäre ist vergleichbar mit dem der Erde (pseudo-adiabatisch: etwa 8 K km^{-1}; liegt relativ nahe an der Trockenadiabate). Der Temperatureffekt liegt jedoch bei nahezu 500 K.

Verdampfungswärme von Wasser. Wärme, die aufgewendet werden muss, um Wasser von der flüssigen Phase in die Dampfphase zu überführen (gleich der ↑Kondensationswärme).

Verdopplung der CO_2-Konzentration. Häufig benutzte Größe, um den Einfluss der Vergrößerung der CO_2-Konzentration auf das Klima, insbesondere ausgedrückt durch die Erhöhung der mittleren Globaltemperatur der Oberfläche, wiederzugeben.

Volumenarbeit in der Atmosphäre. Die aufzuwendende mechanische Arbeit, um bei aufsteigenden Luftpaketen das Volumen des Luftpakets gegen den äußeren Luftdruck zu vergrößern.

Volumenarbeit-Thermische Energie-Relation. Wenn fühlbare Wärme durch Kondensation freigesetzt wird, wirkt sie sich unmittelbar in einem aufsteigenden Luftpaket aus; dank des hohen Betrags der Kondensationswärme steigt die Temperatur an. Der Auftrieb des Luftpakets setzt sich in verstärktem Umfang fort. Der Anteil der Volumenarbeit (differentiell $P\,dV$) an der freigesetzten latenten Wärme ist im Vergleich zur direkt temperaturwirksamen Wärme (differentiell $C_V\,dT$) umso höher, je mehr Wasserdampf die feuchte Luft bereits am Boden enthält. Dieses messbare *Verhältnis von Volumenarbeit zu thermischer Energie* ist ein wichtiges Kriterium zur Bestimmung des Verhaltens von feuchter Luft in der Troposphäre in Abhängigkeit von der Höhenlage: Je größer es jeweils ist, desto vollständiger ist die Kondensation im Paket und desto niedriger ist die verbleibende spezifische Feuchte in größerer Höhe in der Troposphäre, desto prompter erfolgt auch die Annäherung der feucht-adiabatischen Temperatursenkungsrate an die trockene oben in der Troposphäre.

W

WALD, KLIMATOLOGISCH. Mit dem Rückzug des Eises

nach der letzten Kaltzeit des Pleistozäns bedeckte Wald zu großen Teilen die freigewordenen Festlandsflächen – vorrangig auf der Nordhalbkugel der Erde. Mit dem Beginn des Übergangs in eine neue Kaltzeit griff offenbar der Mensch mit seiner Wirtschaftstätigkeit in das Klimageschehen ein. Es begann eine *anhaltende großflächige Entwaldung mit Herausbildung der Landwirtschaft*. Das bedeutete:
- eine Veränderung der globalen *Albedo*,
- die Ausbildung von immer mehr *Lichtungen* im Wald – bis hin zu immer größer werdenden *Freiflächen* (zur Gewinnung von Acker-, Verkehrs- und Siedlungsflächen der Menschengruppen),
- einen Eingriff in das globale *Wasserregime*.

Wenn Wald global durch Freilandbewuchs ersetzt wird, erhöht sich die Albedo; höhere Albedo heißt weniger Absorption von Sonnenstrahlung, daher niedrigere Bodentemperatur. Andererseits erreicht die Sonnenstrahlung – durch Entfall des Blätterdachs – immer größere Teile der Festlandsfläche und kann am Boden ihre Licht- und Wärmewirkung entfalten. Ebenfalls wird sich die Wirkung des Windes auf den freien Flächen verändern.

Da Wälder riesige Wasserspeicher auf dem Festland repräsentieren, wird durch Entwaldung in das globale Wasserregime eingegriffen: Durch langjährige, fortgesetzte *Brandrodung* wird der Wasserdampfeintrag in die Atmosphäre relativ vergrößert, durch direkte Verbrennung, aber auch durch solare Verdunstung aus der Holzverrottung. Der relative Wasserdampfeintrag in die Atmosphäre wird vergrößert durch umfangreiche Nutzung von Holz als *Brennstoff* und als *Baustoff*. Weiterhin erforderte die Nutzung des Bodens als Ackerfläche häufig das Anlegen von großräumigen *Bewässerungssystemen* – mit der Folge einer vergrößerten Wasserverdunstung. Die relative Vergrößerung des Wassereintrags in die Atmosphäre erhöht tendenziell die Bodentemperatur.

Entwaldung mit Ausbildung der Landwirtschaft wirkt folglich *ambivalent* auf das Klima: Es gibt Tendenzen zur Erhöhung, aber auch zur Erniedrigung der Bodentemperatur. In der Summe hat in der Zeit vor etwa 10 000 Jahren der Erwärmungseffekt überwogen, womit offenbar – durch anthropogenen Eingriff – das erneute Abdriften in eine Kaltzeit unterbunden worden ist.

Bezüglich der Klimawirksamkeit ist anzumerken: CO_2 spielt vor allem bei Anwachsen und Ausbreiten von Wäldern eine Rolle (indem das Gas gebunden wird); Wasserdampf spielt vor allem bei der Entwaldung eine große Rolle.

Walker-Zirkulation. ↑Niño, el.

Wärmeinseln, urbane. Große Städte und Industrieanlagen können lokale Wärmeinseln auf der Erdoberfläche bilden, die durchaus Einfluss auf das Klima besitzen, insbesondere wenn – was die Regel ist – sich in der Nähe solcher Ansiedlungen ein großer Teil der klimarelevanten Messstationen befindet.

Wärmekapazität, molare. Auch: Molwärme. Gibt an wieviel Wärme 1 Mol eines Körpers, bezogen auf eine Temperaturänderung um 1 K, aufnehmen kann. Die Einheit ist J Mol^{-1} K^{-1}.

Wärmekapazität, spezifische. Ist ein Maß für die Energie, die erforderlich ist, um 1 kg eines Stoffes um 1K zu erwärmen. Formelmäßig: $\Delta U = c\, m\, \Delta T$. Für Gase muss man unterscheiden, ob die Temperaturänderung bei konstantem Volumen (Index V) oder bei konstantem Druck (Index P) erfolgt. Die Einheit ist J kg^{-1} K^{-1}.

Wärmeleitung. Wärmefluss in einem Feststoff oder in einem ruhenden Fluid infolge eines Temperaturunterschiedes; Wärmeleitung benötigt folglich keinen Materialtransport. Ein Maß für die Wärmeleitung ist die Wärmeleitfähigkeit. Die Wärmeleitfähigkeit für Wasser bei 273 K beträgt zum Beispiel etwa 0,56 W m^{-1} K^{-1}; die von Luft unter Normalbedingungen 0,0261 W m^{-1} K^{-1}.

Wärmestrahlung, Temperaturstrahlung. Strahlung entsprechend der Temperatur des Körpers. Von der Erdoberfläche: ↑Bodenwärmestrahlung. Oder von der unteren Atmosphäre: ↑atmosphärische Gegenstrahlung. Oder von der oberen ↑Effektivtemperatur ins All: ↑Abstrahlung.

Wärmestrom, materie-gebundener. Als fühlbare Wärme und als ↑latente Wärme. Wärmeleitung spielt in der Erdatmosphäre nur eine untergeordnete Rolle, am ehesten noch unmittelbar an der Erdoberfläche.

Wärmestrom, radiativer. Wärmestrahlung in der Atmosphäre.

Wärmetransport in der Atmosphäre. Erfolgt vorrangig materiegebunden, als fühlbare und als latente Wärme. Wärme*strahlung* ist energetisch nur an den Rändern bedeutsam, wenn durch radiativen Austrag aus der Atmosphäre das bisherige lokale thermodynamische Gleichgewicht gestört wird. *Innerhalb* der kompakten Atmosphäre – entfernt von deren Rändern – besteht ein annäherndes Gleichgewicht zwischen der Strahlung, die durch Partikelkollision innerhalb des Luftpakets angeregt und nach außen emittiert wird, und der gleichartigen Strahlung, die von außen empfangen wird. Am Oberrand verliert die Atmosphäre dauerhaft Energie ins All; am Unterrand kommt gleichviel Energie vom Boden durch dessen Restwärmestrahlung wieder hinzu.

Warmzeit im Pleistozän. Während des Pleistozäns haben sich in relativ regelmäßigen Perioden Warmzeiten (mit etwa einer mittleren ↑Globaltemperatur von 293 K) und Kaltzeiten (mit einer mittleren Globaltemperatur von etwa 280 K) abgelöst.

WASSER, KLIMATOLOGISCH. Ein wichtiges Klimaelement für die Erde. Ist zugleich Bestandteil der alt-griechischen ↑Elemente. Besonders interessante Eigenschaften sind das *Dichtemaximum* des flüssigen Wassers bei 277 K, das *permanente Dipolmoment* der polaren Verbindung zwischen Wasserstoff und Sauerstoff und der Umstand, dass Wasser im Temperaturbereich der Erdoberfläche *in allen drei Aggregatzuständen* vorkommt. Die spezifische ↑*Wärmekapazität* von flüssigem Wasser ist besonders hoch, was es als Wärmespeicher auszeichnet. Flüssiges Wasser besitzt eine hohe *Verdampfungswärme*.

Etwa zwei Drittel der Erdoberfläche nehmen die Weltmeere ein. Heute bedecken große Eisflächen permanent die Erde, in der Größenordnung von etwa 3%; Schwerpunkte sind die Arktis mit Grönland und die Antarktis sowie Hochgebirge. Als wichtiger Klimaprozess fungiert die ↑*Evapotranspiration*. Sie reagiert empfindlich auf jede Veränderung der Sonneneinstrahlung. Mit ihr werden Wasser (als Wasserdampf) und latente Wärme in die Atmosphäre eingetragen. Unmittelbare Folgen sind: die Bildung von ↑Wolken nach Kondensation, die Veränderung des ↑Temperaturgradienten in der Atmosphäre und die Veränderung der mittleren effektiven ↑Abstrahlungshöhe aus der Atmosphäre ins All. Ein weiterer wichtiger Klimaprozess ist die *Vereisung*. Mit ihr wird Wasser gebunden, das den Weltmeeren als Flüssigkörper entzogen wird, womit das Meeresniveau dramatisch absinkt (in den Kaltzeiten des Pleistozäns mehr als 100 m). Umgekehrt steigt das Meeresniveau wieder dramatisch an, sobald die großflächige Vereisung zurückgeht. Unter Einbeziehung der festen Phase ist Wasser in der Lage, Klimaprozesse, die bezüglich absinkender oder zunehmender Sonnenstrahlung angestoßen worden sind, fortzuführen (auch wenn der eigentliche Anstoß bereits beendet ist), womit ihnen eine bemerkenswerte Dauer verliehen werden kann. Schließlich sei auf die bedeutsame Rolle von *Meeresströmungen* verwiesen, mit denen großflächig auf der Erde Sonnenwärme verteilt wird, insbesondere von den Tropen in Richtung der Pole. Siehe auch ↑Wasserzyklus.

Wasserdampf. IR-aktives Atmosphärengas. Wasserdampf ist das atmosphärische Spurengas mit der höchsten IR-Aktivität, das im Allgemeinen für den natürlichen Treibhauseffekt verantwortlich gemacht wird. Außerdem wird ihm ein verstärkender Effekt im Zusammenhang mit anderen IR-aktiven Spurengasen zugeordnet. Wasserdampf ist in unterschiedlicher Konzentration in der Erdatmosphäre enthalten, bis zu etwa 4%.

Wasserentzugsrate aus der Atmosphäre. Eine relativ geringe Wasserentzugsrate aus der Atmosphäre für eine sehr lange Zeit ist charakteristisch für den Übergang von einer Warmzeit zu einer Kaltzeit im Pleistozän (etwa $0,1 \cdot 10^9$ t a^{-1}). Sie ist verbunden mit einer außerordentlich geringen jährlichen Abkühlungsrate von etwa 0,0001 K a^{-1} über eine Zeitspanne von etwa 90 000 a. Das aus der Atmosphäre ausscheidende Wasser wurde im Wesentlichen als Eis deponiert.

Wassergehalt, atmosphärischer. Allein die Zufuhr (oder der Entzug) von Wasser als materieller Substanz vermag über die Klimagröße Wassergehalt der Atmosphäre die Ausbildung einer pseudo-adiabatischen Temperatursenkungsrate, die durch den globalen adiabatischen Aufstieg von Luftpaketen in der Atmosphäre generiert wird, zu beeinflussen. Je höher der Wassergehalt, desto kleiner die Rate. Außerdem bedeutet: mehr Wasser – höhere Globaltemperatur, weniger Wasser – niedrigere Globaltemperatur.

Wasserzufuhrrate in die Atmosphäre. Eine relativ geringe Wasserzufuhrrate in die Atmosphäre für eine sehr lange Zeit ist charakteristisch für den Übergang von einer Kaltzeit zu einer Warmzeit im Pleistozän (etwa $1 \cdot 10^9$ t a^{-1}). Sie ist verbunden mit einer außerordentlich geringen jährlichen Aufwärmungsrate von etwa 0,001K a^{-1} über eine Zeitspanne von etwa 10 000 a. Das für die Wasserzufuhr benötigte Wasser stammt im Wesentlichen aus der Auflösung der vorhandenen Eisspeicher auf den Landflächen.

Wasserzyklus, Wasserkreislauf. Bezeichnet einen für die Meteorologie und Klimatologie gleichermaßen wichtigen Bestandteil des Erdklimasystems. Die wichtigsten zugrundeliegenden Prozesse sind die Verdunstung bzw. in der Verallgemeinerung die Evapotranspiration (die auch die Pflanzenwelt auf der festen Erdoberfläche einschließt), die Kondensation, die Niederschläge, die Eis- und Schneeschmelze sowie die Flüsse und Meere. Den energetischen Antrieb des Wasserkreislaufs bildet die Sonne. Sie wirkt dabei als ein riesiger Verdampfer: Global bilden sich jährlich etwa 500 000 km^3 Wasserdampf. In gleicher Größe liegen die jährlichen globalen Niederschläge.

Wien, Wilhelm. Deutscher Physiker (1864-1928). Nobelpreisträger. S. ↑Wiensches Verschiebungsgesetz.

Wiensches Verschiebungsgesetz. Gibt jeweils das Temperaturmaximum der ↑Planckschen Strahlungskurven an:

$$\lambda_{max} = \frac{2897{,}8\mu mK}{T}.$$ Die Wellenlänge maximaler Strahlungsleistung verschiebt sich umgekehrt proportional zur absoluten Temperatur des Schwarzen Strahlers. Für die Sonne mit 5 800 K liegt sie bei 0,5 µm; der terrestrischen Wärmeausstrahlung mit 255 K effektiv kann ein Maximum bei etwa 11,4 µm zugeordnet werden. Beide Arten von Wärmestrahlern bedienen im Infraroten vorrangig unterschiedliche Wellenlängen.

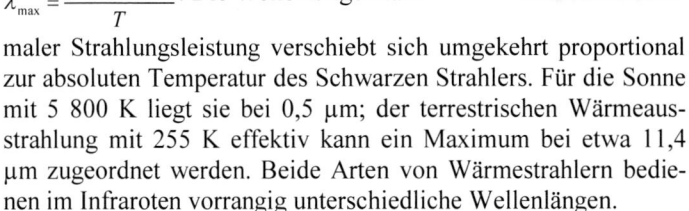

Wind. Einer der wichtigsten meteorologischen Parameter; eine gerichtete Luftbewegung, horizontal und vertikal. Klimatologisch interessant sind vor allem die Winde, die regelmäßig auftreten und damit Bestandteil des (regionalen oder globalen) Klimas sind. Hierzu zählen beispielsweise die tropischen vertikalen Luftbewegungen, der ↑Jetstream in großer Höhe und die Passatwinde. Sie sind Bestandteil der ↑allgemeinen Zirkulation. Energetische Quelle der Luftbewegung ist die Sonnenstrahlung. Sie erzeugt, zum Beispiel an der Erdoberfläche, wärmere Teilflächen, an denen die erwärmte, dünnere Luft nach oben steigt. An diesen Stellen fließt kältere, schwerere Luft nach, in der Regel als horizontaler Strom. Wind fließt von Hochdruck nach Tiefdruck bzw. mischt sich – bei Stillstand und bei gleichem Druck – von warm nach kalt.

WIRTSCHAFTEN UND KLIMA. Zwischen beiden Sachverhalten bestehen enge Wechselwirkungen. Im Verlauf der Wirtschaftstätigkeit können im Wesentlichen zwei Stufen von Klimabeeinflussungen ausgemacht werden:
- die *Entwaldung* mit Ausbildung der *Landwirtschaft* (s. ↑Wald),
- die *Industrialisierung*.

Eine dritte wesentliche Stufe steht uns künftig bevor, wenn voraussichtlich ein allgemeines *Überflusswirtschaften* einsetzt und damit das *Ende des Wirtschaftens* angezeigt wird. Nach Meinung des Autors wird sich diese Stufe zuerst in der Energiewirtschaft und in deren Abkopplung von Naturkreisläufen (↑Kohlenstoff, ↑Wasser) äußern, verbunden mit einer freieren Klimasteuerung. Hinsichtlich der Klimawirkung ist die Wirtschaftstätigkeit wie folgt zu bewerten:
- bezüglich des Energieeintrags in das Klimasystem: gering;
- bezüglich des CO_2-Eintrags: ständig zunehmend, jedoch wird das atmosphärische CO_2 praktisch kaum von ↑Bodenwärmestrahlung erreicht, womit sie auch kaum von ihm absorbiert wird;
- bezüglich des Wasserdampfeintrags: zwar gering, aber fortgesetzt; Wasserdampf verursacht in der Atmosphäre zwangsweise eine Veränderung des Temperaturgradienten und der Abstrahlungshöhe in das All, er beeinflusst die Wolkenbildung.

Es handelt sich beim industriellen Wasserdampfeintrag – im Unterschied zur Entwaldung / Landwirtschaft – um einen *absoluten*

Zusatzeintrag, da der Wassergehalt fossiler Brennstoffe seit Millionen Jahren vom natürlichen Wasserkreislauf abgekoppelt war.

WOLKEN. Stellen die bisher am wenigsten verstandenen klimatischen Bestandteile dar. Wolken sind räumlich diskret abgegrenzte Flüssigwasser-Körper in der Atmosphäre (in größerer Höhe auch Eis-Körper), die durch Kondensation in einigen hundert Metern oder auch in mehreren Kilometern Höhe in der Troposphäre entstehen und die IR-aktiv sind. Mit der Kondensation empfangen sie Wärme, die von der Erdoberfläche materie-gebunden, als latente Wärme, in die Höhe getragen wird. Der von Wolken absorbierte Strahlungsanteil α wird in fühlbare Wärme umgewandelt. Er wird entsprechend der Temperatur auch nach außen wieder abgestrahlt bzw. materie-gebunden innerhalb der Wolke transportiert und an anderer Stelle abgestrahlt. Wolken können auch materie-gebundene Wärmeströme in der Atmosphäre auf dem Weg nach oben bremsen oder aufhalten.

Strahlung, die von Wolken nicht absorbiert wird, wird reflektiert.

Die Kondensation von Wasserdampf zu Wolken hängt – neben dem Sättigungsgrad – auch vom Vorhandensein von Kondensationskernen in der Atmosphäre ab. Mehr Kondensationskerne begünstigen die Kondensation. Solche Kerne (Aerosole, Staub usw.) können durch natürliche Einflüsse (zum Beispiel Vulkanausbrüche) oder auch durch die menschliche Wirtschaftstätigkeit in die Atmosphäre eingetragen werden – oder auch, wie das ↑CLOUD-Experiment vermuten lässt, durch die galaktische kosmische Strahlung initiiert werden.

Wolken verhalten sich bezüglich der Wirkung auf die mittlere Temperatur der Erdoberfläche ambivalent. Sie können erwärmen oder auch abkühlen. Erwärmung bezieht sich auf Rückhaltung von Bodenwärmeabfuhr, Abkühlung auf der Verringerung von solarer Strahlungszufuhr.

Wood, Robert Williams. Amerikanischer Physiker (1868-1955). Machte 1909 ein einfaches Experiment, um zu zeigen, dass die beobachtete wärmende Wirkung eines gläsernen Treibhauses nicht durch Einschluss von IR-Strahlung zustande kommt, sondern durch die Behinderung der Konvektion im abgeschlossenen Gebäude.

Z

Zustandsgrößen in der Thermodynamik. Solche Größen wie die innere Energie, der Druck, die Temperatur, die Entropie oder das Volumen – im Unterschied zu Prozessgrößen wie die Wärme oder die (mechanische) Arbeit.

ZWEI-EFFEKTIVLAGENMODELL DER OPTISCH KOMPAKTEN ATMOSPHÄRE. Die Atmosphäre stelle man sich im Modell als einen eigenen physikalischen Körper vor, der sowohl oben, gegen das All, als auch unten, gegen die Erdoberfläche, abgegrenzt ist:

Aus den beiden Rändern tritt Wärmestrahlung aus: *oben die Abstrahlung des Erdklimasystems*, mit einer Effektivtemperatur $T_{u,\text{eff}} \approx 255$ K, die auch die Höhenlage 0 mit einschließt (Erdoberfläche,

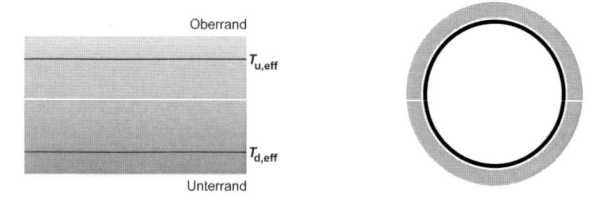

Atmosphärenmodell mit Oberrand und Unterrand

allerdings nur in den Wellenlängen innerhalb des ↑IR-Strahlungsfensters) – *materiell* oben in sehr dünner Luft durch CO_2 und in der Mitte durch Wasserdampf / Wolken bewirkt; *unten die atmosphärische Gegenstrahlung*, mit einer Effektivtemperatur ($T_{d,\text{eff}} \approx 277$ K). Die ↑Cumulus-Untergrenzen im Höhenbereich um 2 km herum vertragen sich ganz gut mit der effektiven Höhe der Gegenstrahlung (dazu noch weitere Emitter: Nebel, Dunst usw.).

Während die Wärmeabstrahlung oben ins All mit einer definitiven Energieabfuhr aus der Atmosphäre verbunden ist, wird mit der Wärmeabstrahlung unten keine Energie abgeführt, da Wärmestrahlung gleicher Intensität vom Boden zugeführt wird. ↑Fortak: „Der ‚Kreislauf' der langwelligen Strahlung zwischen Erdoberfläche und Atmosphäre trägt nicht zur Erwärmung des Systems bei."

ZWEISTUFIGKEIT DER TROPISCHEN WOLKENBILDUNG. Welche immer wiederkehrenden Prozesse halten die relativ engen Temperaturgrenzen im Klimasystem der Erde über eine sehr, sehr lange Zeit aufrecht? Vieles deutet dabei auf astronomische Vorgänge hin: Es ist die Sonnenstrahlung in Verbindung mit der Erdrotation – und natürlich die Physik des Wassers auf der Erde. Nacheinander werden an jedem Tag im *Tropengürtel* Haufenwolken gebildet, aus denen sich gegen Abend Gewitterwolken auftürmen. Damit starke vertikale Luftbewegung, beladen mit viel verdunstendem Wasser, das über Kondensation Wärme in die weiter oben liegenden Troposphäreschichten einträgt, womit eine weitere Aufwärtsbewegung hervorgerufen wird.

****

Spezielle Quellenangaben:
*zu S. 16: In Verbindung mit der freundlichen Freigabe des Abdrucks des Bildes durch die Zentralanstalt für Meteorologie und Geodynamik, Wien, sei auf die zugrunde liegenden Originalarbeiten des Bildes im Informationsportal Klimawandel, Eisbohrkerne, hingewiesen: - EPICA community members (2004): Eight glacial cycles from an Antarctic ice core. *Nature* 429, 623–628, doi:10.1038/ nature02599. -Jouzel J., Masson-Delmotte V., Cattani O., Dreyfus G., Falourd S., Hoffmann G., Minster B., Nouet J., Barnola J.M., Chappellaz J., Fischer H., Gallet J.C., Johnsen S., Leuenberger M., Loulergue L., Lüthi D., Oerter H., Parrenin F., Raisbeck G., Raynaud D., Schilt A., Schwander J., Selmo E., Souchez R., Spahni R., Stauffer B., Steffensen J.P., Stenni B., Stocker T.F., Tison J.L., Werner M., Wolff E.W. (2007): Orbital and millennial Antarctic climate variability over the past 800,000 years. *Science* 317, 793–797. -Petit J.R., Jouzel J., Raynaud D., Barkov N.I., Barnola J.M., Basile I., Bender M., Chappellaz J., Davis M., Delaygue G., Delmotte M., Kotlyakov V.M., Legrand M., Lipenkov V., Lorius C., Pépin L., Ritz C., Saltzman E., Stievenard M. (1999): Climate and atmospheric history of the past 420,000 years from the Vostok ice core, Antarctica. *Nature* 399, 429–436. -Siegenthaler U., Stocker T.F., Monnin E., Lüthi D., Schwander J., Stauffer B., Raynaud D., Barnola J.M., Fischer H., Masson-Delmotte V., Jouzel J. (2005): Stable carbon cycle-climate relationship during the late pleistocene. *Science* 310: 1313–1317. *zu S. 27: CC – Richard Palmer, 2004. *zu S. 28: nach Michael E. Mann, in: IPCC Third Assessment Report, 2001. *zu S. 31: CC – Robert A. Rhode, für: Global Warming Art Project; *derselbe zu S. 46. *derselbe zu S. 54. *zu S. 41: Trenberth et al.: 2009 earth's global energy budget. *Bull. Am. Met.Soc.* 90, 2009, 275-364. *zu S. 49: CC – Clendening History of Medicine Library, University of Kansas, 2005. *zu S. 50: CC – Autor: Sch, 2006. *zu S. 52: CC – Markus Schweiß, 2005. *zu S. 58: CC – Hedwig Storch, 2006. *zu S. 66: Planck, M.: *Vorlesungen über die Theorie der Wärmestrahlung.* 5. Aufl. Leipzig: Verlag J. A. Barth 1923, S. 7. *zu S. 77: Fortak, H.: *Meteorologie.* 2. Aufl. Berlin: Dietrich Reimer Verlag 1982, S. 26.

Formelzeichen

Größen und Elemente
Ar – Argon
a – absolute Luftfeuchte
α – Absorptivität
α – Temperaturleitfähigkeit
c – Löslichkeit
c – spezifische Wärmekapazität
C – Kohlenstoff
E – emittierte Strahlungsintensität
e – Eulersche Zahl (2,71828)
ε – Emissivität
g – Gravitationskonstante
η – relativer Temperatureffekt
H – übertragene Strahlungsenergie
h – Höhe
H – Wasserstoff
J – Strahlungsdichte
J^+ – Strahlungsdichte nach oben
J^- – Strahlungsdichte nach unten
k – Absorptionskoeffizient
k_H – Henrysche Konstante
λ – Wellenlänge
λ – Klimasensitivität
λ – Wärmeleitfähigkeit
M – Molmasse
m – Masse
N – Stickstoff
μ – Mischungsverhältnis
O – Sauerstoff
P – Druck, Partialdruck
π – Halbraum (entspricht 180°)
Q – Wärme
R – universelle Gaskonstante
r – relative Luftfeuchte
RF – Strahlungsantrieb (Radiative Forcing)
ρ – Reflektivität
ρ – Dichte
s – spezifische Luftfeuchte
σ – Stefan-Boltzmannsche Konstante
T – Temperatur
τ – Transmissivität
τ – optische Tiefe
U – innere Energie
V – Volumen
w – atmosphärischer Wassergehalt

Indizes
A – Atmosphäre
d – nach unten (downward)
eff – effektiv
Fl – Flüssigkeit
fl – flüssig
ges – gesamt
h – Höhe
i – fortlaufende Zahl
L – Luft; fL – feuchte; tL – trockene
LW – längerwellig (für IR-Strahlung)
λ – auf Wellenlänge bezogen
P – bei konstantem Druck
S – Oberfläche (surface)
Sätt – Sättigung
u – nach oben (upward)
V – Volumen
WD – Wasserdampf

Einheiten
a – Jahr
°C – Grad Celsius
hPa – Hektopascal
J – Joule; kJ – Kilo-
J. v. h. – Jahre vor heute
K – Kelvin
kg – Kilogramm
m – Meter; km – Kilo-; µm – Mikro-; cm – Zenti-; mm – Milli-; nm – Nano-; pm – Piko-
Mol – (relative) Molekularmasse
N – Newton
ppm – Teilchen pro Million
ppmv – dass. auf Volumen bezogen
s – Sekunde
t – Tonne
T. J. – 1000 Jahre
W – Watt

Edition am Gutenbergplatz Leipzig / (abgekürzt: EAGLE)

**Britzelmaier, B. / Studer, H. P. / Kaufmann, H.-R.:
EAGLE-STARTHILFE Marketing.**
Leipzig 2010. 2., bearb. u. erw. Aufl. EAGLE 040. ISBN 978-3-937219-40-0

Britzelmaier, B.: EAGLE-STARTHILFE Finanzierung und Investition.
Leipzig 2009. 2., bearb. u. erw. Aufl. EAGLE 026. ISBN 978-3-937219-93-6

Brune, W.: Klimaphysik. Strahlung und Materieströme.
Leipzig 2011. 1. Aufl. EAGLE 034. ISBN 978-3-937219-34-9

Deweß, G. / Hartwig, H.: Wirtschaftsstatistik für Studienanfänger.
Begriffe – Aufgaben – Lösungen.
Leipzig 2010. 1. Aufl. EAGLE 038. ISBN 978-3-937219-38-7

Franeck, H.: … aus meiner Sicht.
Freiberger Akademieleben. Geleitwort: D. Stoyan.
Leipzig 2009. 1. Aufl. EAGLE 030. ISBN 978-3-937219-30-1

Franeck, H.: EAGLE-STARTHILFE Technische Mechanik.
Ein Leitfaden für Studienanfänger des Ingenieurwesens.
Leipzig 2004. 2., bearb. u. erw. Aufl. EAGLE 015. ISBN 3-937219-15-3

Fröhner, M. / Windisch, G.: EAGLE-GUIDE Elementare Fourier-Reihen.
Leipzig 2009. 2., bearb. u. erw. Aufl. EAGLE 018. ISBN 978-3-937219-99-8

Gräbe, H.-G.: EAGLE-GUIDE Algorithmen für Zahlen und Primzahlen.
Leipzig 2012. 1. Aufl. EAGLE 058. ISBN 978-3-937219-58-5

Graumann, G.: EAGLE-STARTHILFE Grundbegriffe der Element. Geometrie.
Leipzig 2011. 2., bearb. u. erw. Aufl. EAGLE 006. ISBN 978-3-937219-80-6

Günther, H.: Bewegung in Raum und Zeit.
Leipzig 2012. 1. Aufl. EAGLE 054. ISBN 978-3-937219-54-7

Günther, H.: EAGLE-GUIDE Raum und Zeit – Relativität.
Leipzig 2009. 2., bearb. u. erw. Aufl. EAGLE 022. ISBN 978-3-937219-88-2

Haftmann, R.: EAGLE-GUIDE Differenzialrechnung.
Vom Ein- zum Mehrdimensionalen.
Leipzig 2009. 1. Aufl. EAGLE 029. ISBN 978-3-937219-29-5

Hauptmann, S.: EAGLE-STARTHILFE Chemie.
Leipzig 2004. 3., bearb. u. erw. Aufl. EAGLE 007. ISBN 3-937219-07-2

Hupfer, P. / Tinz, B.: EAGLE-GUIDE Die Ostseeküste im Klimawandel.
Fakten – Projektionen – Folgen.
Leipzig 2011. 1. Aufl. EAGLE 043. ISBN 978-3-937219-43-1

Junghanns, P.: EAGLE-GUIDE Orthogonale Polynome.
Leipzig 2009. 1. Aufl. EAGLE 028. ISBN 978-3-937219-28-8

Klingenberg, W. P. A.: Klassische Differentialgeometrie.
Eine Einführung in die Riemannsche Geometrie.
Leipzig 2004. 1. Aufl. EAGLE 016. ISBN 3-937219-16-1

Krämer, H.: In der sächsischen Kutsche.
Leipzig 2012. 1. Aufl. EAGLE 056. Hardcover. ISBN 978-3-937219-56-1

Kufner, A. / Leinfelder, H.: EAGLE-STARTHILFE Elementare Ungleichungen.
Eine Einführung mit Übungen.
Leipzig 2012. 1. Aufl. EAGLE 045. ISBN 978-3-937219-45-5

Luderer, B.: EAGLE-GUIDE Basiswissen der Algebra.
Leipzig 2009. 2., bearb. u. erw. Aufl. EAGLE 017. ISBN 978-3-937219-96-7

Ortner, E.: Sprachbasierte Informatik.
Wie man mit Wörtern die Cyber-Welt bewegt.
Leipzig 2005. 1. Aufl. EAGLE 025. ISBN 3-937219-25-0

Radbruch, K.: Bausteine zu einer Kulturphilosophie der Mathematik.
Leipzig 2009. 1. Aufl. EAGLE 031. ISBN 978-3-937219-31-8

Resch, J.: EAGLE-GUIDE Finanzmathematik.
Leipzig 2004. 1. Aufl. EAGLE 020. ISBN 3-937219-20-X

Scheja, G.: Der Reiz des Rechnens.
Leipzig 2004. 1. Aufl. EAGLE 009. ISBN 3-937219-09-9

Sprößig, W. / Fichtner, A.: EAGLE-GUIDE Vektoranalysis.
Leipzig 2004. 1. Aufl. EAGLE 019. ISBN 3-937219-19-6

Stolz, W.: EAGLE-GUIDE Radioaktivität von A bis Z.
Leipzig 2011. 1. Aufl. EAGLE 053. ISBN 978-3-937219-53-0

Stolz, W.: EAGLE-GUIDE Formeln zur elementaren Physik.
Leipzig 2009. 1. Aufl. EAGLE 027. ISBN 978-3-937219-27-1

Thiele, R.: Felix Klein in Leipzig. Mit F. Kleins Antrittsrede, Leipzig 1880.
Leipzig 2011. 1. Aufl. EAGLE 047. ISBN 978-3-937219-47-9

Thierfelder, J.: EAGLE-GUIDE Nichtlineare Optimierung.
Leipzig 2005. 1. Aufl. EAGLE 021. ISBN 3-937219-21-8

Triebel, H.: Anmerkungen zur Mathematik.
Leipzig 2011. 1. Aufl. EAGLE 052. Hardcover. ISBN 978-3-937219-52-3

Wagenknecht, C.: EAGLE-STARTHILFE Berechenbarkeitstheorie.
Cantor-Diagonalisierung – Gödelisierung – Turing-Maschine.
Leipzig 2012. 1. Aufl. EAGLE 059. ISBN 978-3-937219-59-2

Walser, H.: Fibonacci. Zahlen und Figuren.
Leipzig 2012. 1. Aufl. EAGLE 060. ISBN 978-3-937219-60-8

Walser, H.: 99 Schnittpunkte. Beispiele – Bilder – Beweise.
Leipzig 2012. 2., bearb. u. erw. Aufl. EAGLE 010. ISBN 978-3-937219-95-0

Walser, H.: Geometrische Miniaturen. Figuren – Muster – Symmetrien.
Leipzig 2011. 1. Aufl. EAGLE 042. ISBN 978-3-937219-42-4

Walser, H.: Der Goldene Schnitt. Mit einem Beitrag von **H. Wußing**.
Leipzig 2009. 5., bearb. u. erw. Aufl. EAGLE 001. ISBN 978-3-937219-98-1

Wußing, H. / Folkerts, M.: EAGLE-GUIDE Von Pythagoras bis Ptolemaios.
Mathematik in der Antike. Vorwort: **G. Wußing**.
Leipzig 2012. 1. Aufl. EAGLE 055. ISBN 978-3-937219-55-4

Wußing, H.: EAGLE-GUIDE Von Leonardo da Vinci bis Galileo Galilei.
Mathematik und Renaissance.
Leipzig 2010. 1. Aufl. EAGLE 041. ISBN 978-3-937219-41-7

Wußing, H.: EAGLE-GUIDE Von Gauß bis Poincaré.
Mathematik und Industrielle Revolution.
Leipzig 2009. 1. Aufl. EAGLE 037. ISBN 978-3-937219-37-0

Alle EAGLE-Bände im VLB-online.   www.eagle-leipzig.de